10대와 통하는

야외 생물학자 이야기

10대와 통하는 야외 생물학자 이야기

제1판 제1쇄 발행일 2023년 3월 18일
제1판 제2쇄 발행일 2024년 5월 11일

글 _ 김성현, 조영석, 최승호, 이정현, 정태원, 노승진, 김진석, 조종원, 노현주, 진선덕
기획 _ 책도둑(박정훈, 박정식, 김민호)
디자인 _ 채홍디자인
펴낸이 _ 김은지
펴낸곳 _ 철수와영희
등록번호 _ 제319-2005-42호
주소 _ 서울시 마포구 월드컵로 65, 302호(망원동, 양경회관)
전화 _ 02) 332-0815
팩스 _ 02) 6003-1958
전자우편 _ chulsu815@hanmail.net

ISBN 979-11-88215-84-3 43470

철수와영희 출판사는 '어린이' 철수와 영희, '어른' 철수와 영희에게
도움 되는 책을 펴내기 위해 노력합니다.

10대와 통하는 야외 생물학자 이야기

열 가지 분야로 살펴본 야외 생물학자 도감

글
김성현 조영석 최승호 이정현 정태원
노승진 김진석 조종원 노현주 진선덕

철수와영희

머리말

생물학자의 과거와 현재, 그리고 미래

다윈에서 정약전까지

야외 생물학Field Biology은 산, 들, 습지, 섬, 바다 등 대부분 야외Field에서 연구가 이루어집니다. '현장에 답이 있다.'라는 말처럼 실험실 대신 현장에서 답을 찾는 연구 영역이지요. 야외 생물학자는 생물다양성 보전이라는 관점에서 생물 분류나 생태를 연구합니다. 현장에서 생물 종을 확인하여 본질을 파악하고, 그들이 살아가는 서식지와 개체 간, 종간의 연관성 등을 밝히는 일을 하지요. 여러분은 어떤 생물학자가 떠오르나요? 수없이 많아 다 소개할 수는 없지만, 저는 세 분의 야외 생물학자가 떠오릅니다.

첫 번째, 누구나 한 번쯤은 들어 봤을 법한 영국의 찰스 로버트

다윈Charles Robert Darwin, 1809~1882입니다. 1831년 비글호(영국 왕실의 해군 측량선)에 승선해 5년간 여러 대륙을 탐험하며 다양한 동식물 표본을 수집했고, '갈라파고스 제도의 핀치새' 등 다양한 연구로 모든 생물 종이 몇 개의 공통된 조상에서 갈라져 나왔다는 진화론을 탄생시켰습니다. 이런 내용을 바탕으로 1859년 『종의 기원』을 출판했지요.

두 번째, 늘 다윈에 가려 이인자로 남았던 영국의 앨프레드 러셀 월리스Alfred Russel Wallace, 1823~1913입니다. 다윈보다 앞서 자연 선택에 의한 진화 이론을 논문으로 발표했지요. 특히, 1854년부터 1862년까지 동남아시아를 탐험하면서 자연 선택설과 생물지리학 이론에 근거가 되는 표본들을 채집했습니다. 또한, 인도네시아 여러 섬의 동쪽과 서쪽 지역 간 생태계가 확연히 차이 나는 것을 확인하면서, 서식하는 생물 종에 따라 세계 각 지역의 구분법을 확립했지요. 이것이 학술적으로 유명한 '월리스선Wallace line'입니다.

세 번째, 프랑스의 곤충학자 장 앙리 파브르Jean Henri Fabre, 1823~1915입니다. 28년 동안 곤충 연구와 함께 10권의 『곤충기』를 발표해 오늘날까지도 많은 사랑을 받는 대표적인 야외 생물학자입니다. 파브르는 형편이 어려웠지만 끈질긴 집념으로 곤충을 연구했고 쇠똥구리를 연구하는 데만 40년이 걸렸다고 합니다. 야외 생물학은 경험에 기반을 두고 장기적인 관찰을 통해서만 결론에 도달할 수 있어 많은 시간이 소요됩니다. 그의 집념은 지금까지도 수많은 생물학자에게 교훈을 줍니다.

우리나라에도 소개하고 싶은 분이 있는데 잊을 뻔했네요. 『목민심서牧民心書』를 집필한 정약용丁若鏞의 형인 정약전丁若銓, 1758~1816이 바로 그입니다. 정약전은 조선 시대의 실학자였으나, 천주교를 신봉한다는 이유로 전라남도 흑산도로 유배를 가게 되었지요. 그곳에서 어류와 해양 생물을 관찰하고 기록하여, 1814년 『자산어보兹山魚譜』라는 유명한 책을 탄생시킵니다. 동물 분류 체계가 확립되지 않았던 시대에 155종의 생물 이름과 분포, 형태 등을 자세히 기록하고 체계적으로 분류한 것은 놀라운 일입니다. 지금까지도 연구자들이 참고하고 있을 정도이지요.

멸종위기 생물, 멸종위기 생물학자

20세기 들어 생물학은 급속한 발전을 이루었습니다. 눈에 보이지 않는 세포와 바이러스를 밝혀내 연구하고, 무엇보다 유전학과 분자생물학 연구는 눈부신 성장을 했습니다. 동시에 영국, 미국, 일본 등 수많은 선진국은 생물 종과 개체를 관찰해서 분류하고, 생태적 특성을 밝히는 생물 기초 연구에도 소홀하지 않았습니다. 야외 생물학과 최신 기법을 활용한 생물 연구를 조화롭게 이어 나갔지요.

우리나라는 어떠했을까요? 20세기 초는 일제 강점기였고, 해방 이후에는 한국전쟁이 일어났습니다. 쉽게 말해 먹고살기도 바빴던 시절이었지요. 이후 급속한 산업화와 경제 성장을 이루었지만 자연 환경이나 생물에는 관심을 기울일 여유가 없었습니다. 그사이 서식지 파괴와 관심 부족 등으로 생물다양성이 급감했고 멸종했거나 멸종위기에 처한 생물이 늘어나는 건 당연한 결과였어요. 그나마 이루어진 연구도 생물의 존재 자체에 대한 관심보다는 인간의 필요에 의한 생물 자원의 이용이나 활용에 중점을 두었어요. 또 이 연구들은 대부분 실험실에서 이루어졌어요.

또 다른 문제도 있어요. 그동안 생물학자를 양성하는 대학의 생물학과가 많이 사라져 배울 곳이 줄어들었고, 연구가 힘들고 미래도 불투명해 이 분야의 연구자 양성이 쉽지 않았습니다. '멸종위기에 처한 생물만큼이나 생물학자도 멸종위기에 처해 있다.'라는 이야기가 나올 정도니까요.

꿈꾸는 10대에게

20세기 후반부터 생물다양성 보전에 대한 사회적 관심이 증가했어요. 2010년 10월에는 '나고야 의정서'가 채택되면서 생물의 중요성이 더 부각되었지요. 이는 생물 자원을 활용하여 생기는 이익을 공유하자는 국제 협약이에요.

생물다양성의 중요성에 대한 인식은 날로 커지고 있습니다. 그런데도 우리나라는 다른 나라들에 비해 아직 생물 종 그 자체에 대해 모르는 것이 많습니다. 생물을 자원으로 활용하기 위해서라도 생물 종과 개체의 본질을 연구하는, 생물 연구의 가장 근간이 되는 야외 생물학 연구가 꼭 필요합니다. 늦었지만 국가 차원의 생물 연구 기관이 지속해서 늘어 가고 전망도 밝아졌습니다. 그러나 정작 연구할 전문 인력이 부족한 게 현실입니다.

아빠가 새를 연구하는 생물학자라서 우리 딸들은 이 분야를 잘 알고 있으리라 생각했습니다. 그런데 잘 모르더군요. 제 주변의 다양한 연구자를 만날 때마다 '저분은 어떤 연구를 해?'라는 딸의 질문에서 이 책은 시작되었습니다. 현장에서 생물을 찾아내고 알아가고 기록하는 진정 가치 있는 일, 장래가 밝은데도 정작 연구자가 부족한 이 일을 수많은 10대에게 알리고 싶었습니다. 다솔, 다원 저의 두 딸을 포함해 야외 생물학자를 꿈꾸거나 관심이 있는 10대의 진로 선택에 도움이 되길 바라며, 야외 생물학의 의미, 생물다양성의 소중함을 알아가는 데 이 책이 작은 보탬이 되면 좋겠습니다.

이 책은 현장에서 생물 연구를 활발하게 하고 있는 야외 생물학자의 인터뷰와 설문조사를 통해 만들어졌습니다. 인터뷰에 흔쾌히 응해 주신 조영석, 최승호, 이정현, 정태원, 노승진, 김진석, 조종원, 노현주, 진선덕 박사님에게 진심으로 감사드립니다. 책을 잘 엮어 준 '철수와영희'에도 감사의 말씀을 드립니다. 마지막으로 우리나라를 이끌고 나갈 미래 세대, 10대들에게 진심으로 응원의 말씀을 전합니다.

2023년 3월

대표 저자 김성현

차례

6.
혐오가 아닌 보석 같은 존재,
곤충 박사 노승진

7.
걸어 다니는 식물도감,
식물 박사 김진석

10.

또 다른 생물 분류의 개척자,

유전자 박사 진선덕

1

야외 생물학자 이야기

새와 더불어 살아가는,
새 박사 김성현

생물학자 정보

- 이름: 김성현
- 출신지: 부산광역시
- 최종 학위: 이학 박사
- 주요 연구 분야: 철새 이동 생태
- 직업: 국립호남권생물자원관 동물자원연구부장(책임연구원)
- 연구 경력: 25년

- 즐겨 읽는 책: 조류 도감류, 특히 우리나라와 종 구성이 비슷한 일본 도감류
- 즐겨 찾는 조사지: 홍도, 어청도, 외연도 등 서해의 섬
- 주요 연구 물품: 쌍안경, 망원경, 카메라, 조류도감, 조사야장 등
- 가장 좋아하는 생물 종: 딱새*Phoenicurus auroreus*

  → 처음으로 도감을 펼쳐 스스로 식별(동정)한 새다. 흔하지만 늘 곁에 있어 친숙하고, 보고 싶을 때 마음만 먹으면 언제든 만나 준다. 수수한 모습과 이쁜 눈망울이 사랑스럽다.

내가 좋아하는 딱새

아버지의 엉터리 새 수업

제 마음속 고향은 창원입니다. 어릴 적 가장 오랜 시간을 보낸 행복한 기억이 많은 곳입니다. 부산에서 태어난 저는 열 살 때쯤 아버지가 직장을 옮기면서 창원으로 이사했습니다. 그해 설날, 아버지의 손에 이끌려 주남저수지에 갔습니다. 오랜 세월이 흘렀지만, 그때의 기억이 지금도 선명합니다. 그곳은 유명한 철새 도래지로 겨울 철새가 가득했습니다. 저수지에는 물 반, 새 반이었고 하늘을 뒤덮을 만큼 수많은 새들이 비행하는 모습에 감탄을 금치 못했습니다.

집 근처에 이렇게 많은 새가 모여 있다니 놀라웠죠. 그보다 더 놀란 건 새 이름을 척척 알려 주시는 아버지였습니다. 이 새는 뜸부기, 저 새는 청둥오리…. 생물과 전혀 관련이 없는 일을 하면서도 새들의 이름을 척척 말하는 아버지가 존경스러웠습니다.

새 박사가 된 지금 여름 철새 뜸부기가 그 겨울에 관찰될 리 없

20년 전 새들로 가득 찬 주남저수지의 모습

다는 것을 잘 압니다. 청둥오리라고 알려 주신 새도 지금 생각해 보면 가창오리였어요. 아버지는 아들이 새 박사가 되리라고는 상상하지 못하셨겠죠. 모두 엉터리였지만 아버지와 함께 새를 보며 느꼈던 행복한 감정은 잊을 수 없습니다. 지금도 가끔 아버지와 함께 주남저수지에 갈 때면 그 시절이 떠올라 웃곤 합니다. 지금까지 새를 연구하는 이유가 어쩌면 그때의 좋은 기억 때문이 아닐까요?

탐조, 새를 만나는 일

생물 공부가 재미있다는 단순한 이유로 생물학과에 진학했습니다. 입학하자마자 선배들의 권유로 조류연구실에 들어갔고 그때부터 새를 체계적으로 배웠습니다. 평소 여행을 좋아했고, 어릴 적 새를 만난 행복했던 기억이 더해져 야외를 돌아다니며 새를 관찰하는 기쁨은 상상 그 이상이었습니다. 새를 만나기 위해 전국 방방곡곡을 누볐고 졸업 후 진로에 대한 걱정보다는 그저 새와 함께하는 시간이 좋아 그 순간에 집중했습니다. 그때는 그저 취미처럼 다닌 것이지만, 지금 생각해 보면 그 경험이 연구의 큰 밑거름이 되었습니다.

탐조探鳥는 새를 찾는다는 뜻입니다. 국어사전에는 조류鳥類의 생태, 서식지 따위를 관찰하고 탐색하는 것이라고 설명합니다. 집 앞에서 참새 한 마리를 보든 유명한 철새 도래지에서 수많은 철새를 만나든, 새의 이름을 알아내든 그저 행동을 살피든, 야외에서 새와 함께하는 것이라면 모두 탐조인 셈이지요. 개인적으로는 새를 '찾는다'는 표현보다 새를 '만난다'는 표현을 더 좋아합니다. 새를 사랑하게 된 지금은 일방적으로 새를 보는 것이 아니라 서로 함께 자연을 공유한다는 생각 때문이죠.

새를 사랑하게 될수록 그들에 대한 궁금증이 커졌고, 새를 더 알고 싶다는 생각에 대학원에 진학했습니다. 새를 식별하는 능력을 키우고 철새의 이동 생태를 본격적으로 연구했습니다. 그 당시만 해도 새를 연구해서 밥 먹고 살기란 쉽지 않았어요. 망원경으로 새를 보고 있으면 동네 어르신들이 늘 하던 말씀이 있습니다. '새만 쳐다보고 있으면 밥 먹고 살 수 있겠어?' 지금은 세상이 많이 변했습니다. 환경이나 자연에 관한 관심이 높아졌고 국가 차원에서도 생물을 연구하는 직업이 많이 생겨나고 있습니다. 그 덕분에 새만 쫓아다니던 제가 새를 만나는 것이 직업이 되어 행복하게 밥벌이하며 살아가고 있습니다.

국가 간을 이동하는 철새를 연구하는 법

전 세계에는 약 1만 종, 우리나라에는 550여 종의 새가 기록되어 있습니다. 이러한 새들을 연구하는 방법은 참 다양합니다. 그중에서 가장 기본은 조사 지역에서 관찰되는 새를 분류하여 이름과 숫자를 기록하는 것입니다. 어느 지역에 어떤 새가 얼마나 있는지를 조사하고 장기적으로 자료를 축적하면 새들의 분포 변화나 증감을 알 수 있지요. 이러한 조사 결과는 멸종위기종과 급감하는 새들을 보호할 수 있는 기초 자료가 됩니다. 곤충이나, 식물 등 다른 생물 분류군과 비교한다면 상대적으로 종류가 적은 듯하지만, 같은 종이라도 어린 새와 어른 새, 암컷과 수컷, 번식기와 비번식기의 모습이 다른 경우가 많아서 정확히 식별하여 분류하는 것은 결코 쉬운 일이 아닙니다. 오랜 야외 조사 경험이 필요하답니다.

번식기에는 한 쌍의 새가 둥지를 틀고 알을 낳고 새끼를 기르는 과정을 연구합니다. 새들의 울음소리를 분석해 종간, 개체 간 차이를 밝혀내기도 하지요. 특히, 새들은 날개가 있어서 먼 거리를 이동할 수 있습니다. 이처럼 국가 간을 이동하는 철새의 경로를 파악하는 연구도 활발히 진행되고 있습니다. 새 연구 중 가장 관심 있는 분야가 바로 이 이동 연구입니다. 단순 모니터링에서부터 가락지나 위치 추적기를 부착하여 경로를 파악하는 것까지 철새의 이동을 연구하는 방법도 다양합니다.

가락지 부착 조사Bird banding는 새를 안전하게 포획하여 다리에 가락지를 부착하고 다시 날려 보내 이동 경로를 파악하는 방식입니다. 가벼운 재질의 가락지에는 국가명과 고유번호가 적혀 있습니다. 고유번호에는 종명, 연령, 성별, 날짜, 부착 장소, 서식 환경, 조사자 등 다양한 정보가 포함되어 있어요. 이 새가 다른 국가에서 재포획되면 연구자들이 서로 연락하여 이동 정보를 확인할 수 있게 됩니다. 이런 연구가 잘 이루어지기 위해서는 주변 국가의 연구자와 국제 네트워크를 구축하는 것이 필수입니다. 매년 미국에서는 100만 마리 이상, 일본에서는 20만 마리 이상의 철새에 가락지를 부착하고 있어요. 국제적으로 아주 오래

철새에 가락지를 부착하는 모습

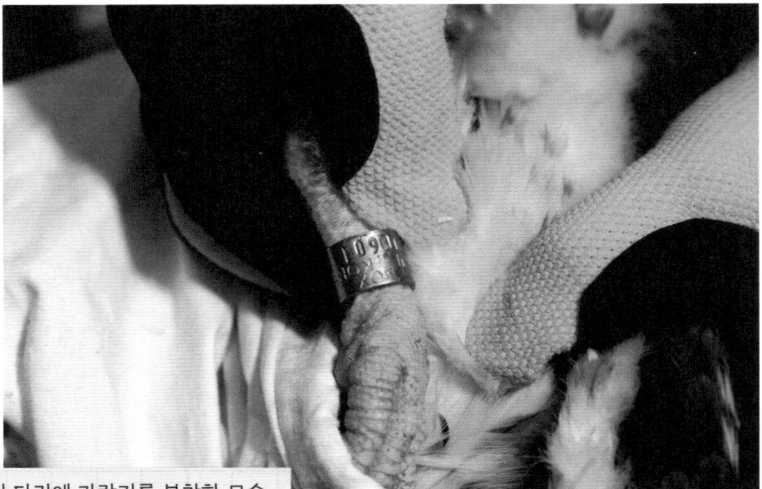

새의 다리에 가락지를 부착한 모습

어린 저어새에게 위치 추적기를 부착한 모습

된 전통 방식의 연구입니다. 이처럼 각국 철새 연구자의 노력으로 철새의 이동 경로가 하나씩 밝혀지고 있습니다. 다만, 이 방법은 재확인될 확률이 낮은 편이고 출발지와 도착지만 알 수 있다는 단점이 있습니다.

이러한 단점을 보완하기 위해 최근에는 첨단 기법을 이용한 위치 추적 연구를 병행하고 있습니다. 새의 등 부위에 GPS 위치 추적기를 부착하여 이동 경로를 보다 정밀하게 파악하고 있습니다. 이를 통해 새들의 출발지와 도착지뿐 아니라 이동 중에 잠시 쉬어 가는 곳의 상세 위치까지 명확하게 확인할 수 있게 되었습니다. 다만, 위치 추적기의 무게 때문에 아주 작은 새들에게는 부착할 수 없고 가격이 비싼 것도 단점입니다. 최근에는 위치 추적기가 점점 소형화되고 있어 더 다양한 새들의 이동 경로를 규명할 수 있을 것으로 기대됩니다.

순식간에 사라지는 맹금류 관찰하기

저는 모니터링과 위치 추적기 부착 조사를 통한 맹금류 이동 연구로 박사 학위를 받았습니다. 2005년부터 2007년까지 전남 홍도에서 시작해 2008년에는 전북 어청도, 2009년에는 부산, 거제도와 인천 옹진군 소청도를 조사하였습니다. 특히, 2009년 가을에는 국내 최초로 맹금류인 수리과 조류 5,014마리의 이동을 확인하는 성과를 이루었습니다. 그중 4,372마리가 벌매라는 맹금류였고, 그해 9월 20일에는 하루에만 1,319마리를 만나는 경험을 했습니다. 지금은 더 많은 수의 이동이 확인되고 있지만, 그때의 기록은 우리나라에서 가장 많은 수의 관찰 기록입니다. 한 마리만 보여도 존재감이 큰 맹금류가 대규모로 이동하는 모습은 상상 이상으로 웅장하고 황홀하답니다. 새매, 참매, 조롱이, 말똥가리 등 여러 종류의 맹금류도 함께 관찰할 수 있었고, 평생 볼 맹금류를 한 번에 다 만나는 느낌이 들 정도로 감동적이었습니다.

소청도에서 수많은 맹금류가 관찰되는 이유는 가을 이동 시기 그들이 통과하는 길목에 이 섬이 위치하기 때문입니다. 바람을

상승 기류를 타고 하늘 높이 올라가는 벌매 무리

이용해 비행 에너지 효율을 높이는 경유지 역할을 하는 곳입니다. 바다와 섬이 맞닿은 곳에서 생성되는 상승 기류는 새들이 에너지를 최대한 아껴서 장거리를 이동할 수 있도록 도움을 주지요. 이곳은 푸른 하늘을 배경으로 카리스마 넘치는 맹금류의 멋진 비행을 감상할 수 있는 최적의 장소입니다.

물론 이런 멋진 순간을 만나는 데는 여러 어려움이 존재합니다. 첫째, 맹금류는 종을 식별하는 것, 즉 이름을 맞추기가 쉽지 않습니다. 새의 경험이 많은 연구자나 탐조인도 식별이 쉽지 않은 분류군이라 좌절하는 경우가 많습니다. 게다가 빠르게 비행하기 때문에 순간적으로 판단할 수 있는 경험이 필요합니다. 둘째, 다른 새 보기를 돌같이 해야 합니다. 이동 시기의 소청도에는 아름답고 다양한 새들이 넘쳐납니다. 이들 대부분은 초지나 나무 사이에 있어 시선을 아래로 두어야 관찰할 수 있습니다. 섬의 가장 높은 곳에서 온종일 하늘만 보아야 하는 맹금류 이동 조사에서는 다른 새들이 보고 싶어도 도를 닦는 심정으로 참고 또 견뎌야 합니다. 셋째, 기다릴 줄 아는 인내심이 필요합니다. 맹금류는 워낙 빨라 언제 지나갈지 모릅니다. 한눈파는 순간 지나가 버리기 때문에 늘 긴장하며 시선을 하늘에 둡니다. 어떤 날은 하루에 2~3마리만 이동하는 때도 있습니다. 이럴 때는 하루가 10년 같이 느껴집니다. 마지막으로 피부 노화가 빨리 진행됩니다. '봄볕에는 며느리, 가을볕에는 딸을 내보낸다.'라는 말이 있지만, 가을철 햇볕도 만만치 않습니다. 우윳빛 피부를 꿈꾸는 이들에게는 권유하고 싶지 않네요.

개인적으로는 맹금류 이동 관찰이 가장 흥미롭지만 우리나라에서는 아직 많은 사람들의 관심을 끌지는 못하는 것 같습니다. 조사 과정이 힘들고 고생스러운 점이 많아서겠지요. 그러나 고생한 만큼 무엇과도 바꿀 수 없는 큰 즐거움이 있습니다. 가을은 하늘의 푸르름이 참 좋은 계절입니다. 가을철 고개를 들어 푸른 하늘을 바라보며 이동하는 맹금류를 만나는 여유를 가져 보는 것도 좋을 것 같습니다.

새들에게 휴식과 먹이를 선사하는 섬

저는 섬 여행을 좋아합니다. 새와 함께라면 금상첨화겠지요. 먼 바다를 건너 이동하는 철새에게 섬은 휴식처이자 먹이터입니다. 봄과 가을에 이동하는 철새에게 섬은 바로 생명과도 같은 곳입니다. 특히, 봄철 이동 시기에는 평소 육지에서 보기 힘든 희귀한 철새를 섬에서 다양하게 만날 수 있습니다.

우리나라보다 더 따뜻한 남쪽 나라에서 겨울을 보내는 새들은 봄이 되면 번식을 위해 북쪽으로 이동합니다. 바다를 건너 수백에서 수천 킬로미터를 이동하는 것은 그들에게 목숨을 건 비행입니다. 험난한 이동 중에 잠시나마 쉬어 갈 수 있는 섬은 새들의 생존을 위해 꼭 필요한 곳입니다. 봄은 새를 좋아하는 이들에게 가장 즐거운 시기이고, 섬은 새들과 즐거운 만남을 선물해 줍니다.

이름만으로 가슴 뛰고 설레는 섬이 있습니다. 해가 질 무렵이면 섬 전체가 붉은빛으로 물든다고 해서 이름 붙여진 서해의 붉은 보석 홍도입니다. 10대에게는 낯선 노래이지만 〈홍도야 우지 마라〉라는 노래로 더욱 유명해졌어요. 사실 이 노래에 나오는 홍도는 사람 이름이라서 홍도라는 섬과는 상관이 없지만요. 목포에서 서쪽으로 약 115㎞ 떨어져 있고 쾌속선으로도 2시간 반 정도 걸리는 육지에서 꽤 멀리 떨어진 섬입니다. 총면적 약 6.42㎢, 해

산솔새

동박새

유리딱새

큰유리새

봄철 이동 시기에 만나는 봄꽃만큼 아름다운 철새들

빼어난 자연 경관을 가진 전남 홍도의 전경

안선 길이는 약 20.8㎞의 그리 크지 않는 섬으로, 빼어난 자연 경관을 가지고 있어 천연기념물 제170호(1965년) 및 다도해해상국립공원(1981년)으로 지정되어 있습니다. 매년 수많은 관광객이 찾아오는 이곳은 저에게 즐겨 찾는 탐조지 이상의 의미가 있는 제2의 고향과도 같은 섬입니다.

섬 탐조의 매력에 한참 빠져 있던 2000년 초반 대학원 시절부터 봄과 가을의 철새 이동 시기만 되면 새를 만나기 위해 여러 섬을 찾아다녔습니다. 설레는 마음과 큰 기대를 안고 찾은 홍도의 첫 탐조 때였습니다. 새들로 넘쳐 날 봄인데 이상할 만큼 새가 없었습니다. 학생 신분에 어렵게 돈을 모아 찾아왔는데 새를 거의 만날 수 없어 우울했습니다. 그러던 중 처음 보는 독특한 새 한 마리를 만났고, 순간 국내 미기록종이라는 것을 직감했습니다. 우리나라에서 한 번도 관찰되지 않은 새를 국내 미기록종이라고 합니다. 새 연구자에게 새로운 새를 국내 최초로 발견한다는 것은 가슴이 터질 만큼이나 큰 기쁨과 흥분을 주는 사건입니다.

외국 도감을 찾아보니 'Orange-headed Thrush'라는 새였고, 얼굴과 몸 색깔이 귤빛을 띠고 있어 '귤빛지빠귀'라는 이름을 붙여 학회에 보고하였습니다. 기회만 된다면 큰 기쁨을 안겨 준 이곳 홍도에서 새와 함께 평생 살고 싶다는 생각이 들 정도였어요. 간절한 마음이 통했을까요? 2005년 홍도에 국립공원 철새연구센터가 설립되면서 첫 직장이 되었고 이곳에서 3년 정도 새들과 매일 함께 지낼 수 있었습니다. 철새의 이동 시기가 되면 이보다 좋을 수는 없었습니다. 아침에 일어나 창문을 열면 새들이 보이고 밥을 먹다가도 희귀한 새가 나타나 뛰어나가기 일쑤였습니다. 주민들이 찾아주는 새도 많았답니다. 한번은 이상한 새가 탈진해 있다며 사무실로 제보가 왔는데 그 새는 바로 알락뜸부기였습니다. 1900년대 초반에 발견된 이후 관찰된 적이 없다가 75년 만에 주민의 제보로 재발견된 것입니다.

홍도에서 생활하는 동안 수많은 새와의 만남에 행복했고, 처음 만남을 가진 새들도 가장 많은 곳이랍니다. 지금은 아주 오래

국내에서 첫 관찰한 귤빛지빠귀

75년 만에 재발견된 알락뜸부기

전 추억이 되어 버렸지만, 새를 연구하는 데 많은 경험을 선사해 주고 디딤돌이 되어 준 고마운 섬 홍도, 그리 짧지도 길지도 않은 섬 생활이었지만 그곳에서 새들과 함께한 하루하루가 지금까지도 소중한 추억으로 남아 있습니다. 지금도 매년 봄이면 그리운 섬 홍도로 떠나고 싶습니다.

새 연구에 필요한 것들

새를 연구하기 위해서는 조사 방법에 따라 여러 장비와 물품이 필요합니다. 그중에서 가장 필수적인 장비는 쌍안경과 망원경입니다. 새를 정확하게 식별하는 데 도움을 주는 다양한 종류의 조류도감과 조사 내용을 기록할 수 있는 조사야장, 새와 그들의 서식지를 촬영할 수 있는 카메라와 렌즈도 필요하지요. 최근에는 조사 지역을 한눈에 볼 수 있게 촬영해 주는 드론도 준비합니다. 새의 울음소리를 기록할 때는 녹음기가 필요하고 새를 유인하기 위해 새소리 파일과 고출력 스피커도 사용합니다. 이러한 장비 이외에도 환경의 변화가 많은 야외에서 몸을 따뜻하게 보호해 줄 가벼운 패딩 점퍼와 장갑, 모자는 사계절 내내 가방 속에 넣어 둡니다. 오랜 시간 하늘만 보고 있어야 하는 맹금류 조사에서는 눈을 보호하기 위한 선글라스도 필수랍니다.

이 중에 가장 중요한 장비를 하나만 고르라면 바로 쌍안경입니다. 새를 관찰할 때 가장 기본적이고 필수적인 장비예요. 새는 사람보다 시력이 좋아서 우리를 먼저 발견하고 경계합니다. 쌍안경을 이용하면 멀리서도 가까이에서 관찰하는 효과를 낼 수 있어요. 일반적으로 배율은 8배 또는 10배가 적당합니다. 배율이 높을수록 가깝게 보일 것 같지만, 흔들림이 심해져 새를 정확히 관찰할 수 없어요. 게다가 무게가 무거워서 들고 다니기도 힘듭니다. 반대로 배율이 낮으면 가볍기는 하지만 멀리 있는 새를 관찰하기가 어려워요. 대물렌즈의 크기도 무게에 영향을 줍니다. 구경은 보통 30㎜에서 50㎜ 사이가 적당합니다. 너무 크면 밝게 보이는 대신 무겁고, 작으면 가벼운 대신 어둡게 보입니다. 20만 원 이하의 저가형에서 400만 원이 넘는 고급형까지 종류가 많아서 자신에게 적당한 쌍안경을 선택하는 게 좋습니다.

조류도감도 많으면 많을수록 좋습니다. 오래전 새를 공부하기 시작할 때는 우리나라에 좋은 도감이 드물었습니다. 그래서 새의 종류가 비슷한 일본 도감의 도움을 많이 받았습니다. 지금은 우리나라에도 여러 종류의 좋은 조류도감이 많이 출간되어 새를 공부하기가 수월해졌습니다. 그림 도감은 새의 특징을 이해하기 좋고 사진 도감은 실제 모습을 알 수 있어 함께 보는 것이 좋습니다. 새 연구자가 아니더라도 관찰한 새를 기록하는 습관이 필요합니다. 조금은 귀찮을 수 있지만, 새의 특징, 환경, 장소,

날짜 등을 기록한다면 훨씬 의미 있고 실력 향상에 도움이 될 것입니다.

새를 만나는 데는 조사 장비만 필요한 것이 아닙니다. 관찰이나 촬영을 이유로 새들에게 스트레스를 준다면 그들을 만날 자격이 없는 것이겠지요. 항상 배려하는 자세와 따뜻한 마음을 갖고 새를 만나면 좋겠습니다. 새에 대한 경험이 많은 전문가와 동행한다면 더할 나위가 없습니다. 관찰법, 장비 사용법, 새를 대하는 자세 등 많은 것을 배우고 조언도 구할 수 있습니다.

새 연구자의 조사·연구 용품

쌍안경(SWAROVSKI NEW CL 포켓 10x25)

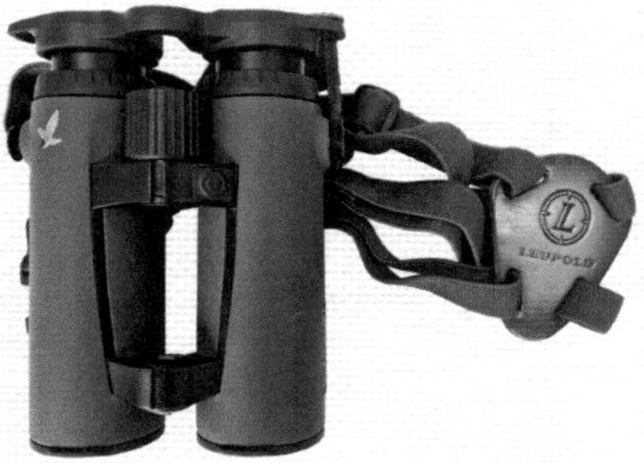

쌍안경(SWAROVSKI NEW EL 레인지 10x42)

새를 관찰할 때 꼭 필요한 기본 장비다. 가까운 새를 관찰하거나 먼 거리에 있는 새의 위치 파악, 서식 환경 등을 확인할 때 필요하다.

망원경(SWAROVSKI ATX 65mm +25-60X): 쌍안경으로 구분이 어려운 먼 거리의 새를 관찰하는 장비다. 필드 스코프Field scope라고 부르며, 삼각대에 부착해 사용해야 흔들림이 없다.

DSLR 카메라(Canon EOS-1D X Mark III): 새를 촬영하기 위한 장비로, 빠른 연사 속도와 높은 해상도가 요구된다.

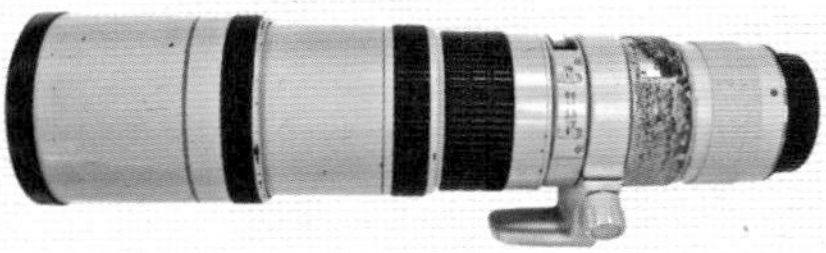

망원렌즈(Canon EF 400mm F5.6L USM)

삼각대(맨프로토): 망원경을 사용하는 데 필요하다. 카메라를 받칠 때도 사용한다.

초망원렌즈
(Canon EF 600mm F4L IS II USM)

새를 촬영할 때 400mm 렌즈를 주로 사용한다. 600mm 렌즈는 멀리 있는 새를 촬영하는 데 유리하지만, 무게가 만만치 않고 매우 비싸다. 신속한 촬영이 필요한 현장 조사에서 전문적인 목적이 아니라면 추천하지 않는다.

촬영용 드론(DJI 매빅2 엔터프라이즈): 주로 새들의 서식 환경 파악이나 접근이 어려운 지역을 촬영하는 용도로 사용한다.

계수기: 무리 지어진 새의 개체 수를 파악할 때 사용한다. 버튼을 누를 때마다 숫자가 올라간다.

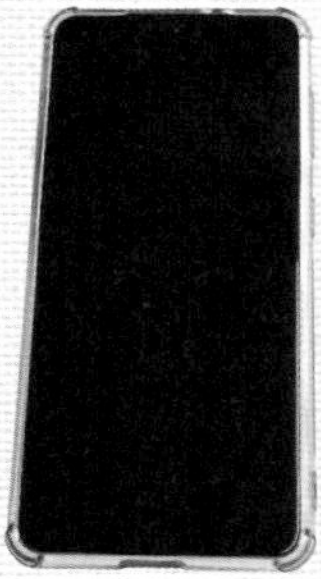

스마트폰: 조사용 노트, 카메라, 녹음기, GPS 위치 정보, 조사지도 등 예전에는 여러 가지로 준비했던 조사 물품을 하나로 대체할 수 있어 편리해졌다.

조류도감: 야외에서 관찰한 새를 식별할 때 필수이며, 다다익선이다.

경량 패딩

장갑

선글라스

야외에서 몸을 보호하는 경량 패딩은 항상 소지한다. 예상 밖의 기상 상황이 생길 수 있어 사계절 내내 조사 가방에 넣어 다닌다. 장비 보호용으로도 활용한다. 손과 눈을 보호하기 위한 장갑, 선글라스도 필수다.

새를 촬영하는 모습

야외 생물학자를 꿈꾸는 10대에게

새들을 만나기 위해 전국 방방곡곡 참 많은 곳을 돌아다녔습니다. 탐조는 유일한 취미 생활이었고, 그것이 직업으로 바뀐 지 오래입니다. 야외에서 생물을 연구한다는 것은 그리 쉬운 일은 아니지만, 오랫동안 꾸준히 할 수 있는 것은 즐거움이 있기 때문입니다. 여러분들도 즐거운 일을 하면 좋겠습니다. 그래야만 몰두할 수 있고 열정을 쏟을 수 있습니다. 좋아하는 일을 꾸준히 하다 보면 분명 길이 보일 것입니다.

생물다양성의 중요성에 대한 인식은 나날이 높아지는데, 정작 현장에서 생물을 연구하는 사람은 줄어들고 있습니다. 야외 조사로 연구 결과물이 나오기까지 오랜 기간이 소요되고, 체력적으로도 힘든 데다 기초 학문이다 보니 배울 수 있는 학교도 드문 때문이겠지요. 그래서 필요로 하는 곳은 많은데, 도리어 이 분야의 전문 인력은 부족한 현실입니다. 생물에 대한 관심을 시작으로 꼭 새 연구자가 아니라도 다양한 분야의 야외 생물학자가 많이 나오길 기대해 봅니다.

생물 이야기

중국의 참새 사냥이 불러온 결과

생물다양성은 단순하게는 생물의 종류가 얼마나 다양한지로 표현할 수 있지만, 넓은 의미에서는 생태계에서 살아가는 생물 종과 생물의 서식지, 그리고 개체 하나하나에 대한 다양성을 포함합니다. 하나의 세포에서 다양한 생물로 분화해 오랜 시간 진화를 거듭한 결과물인 셈이죠.

이런 생태계에서 생물다양성이 감소하면 연쇄적인 악영향을 초래합니다. 정작 생물다양성 감소의 주범인 인간은 대부분 그 사실을 인지하지 못하고 있습니다. 어떤 한 종의 생물이 완전히 사라지는 것을 멸종이라고 하는데, 지구상에서 두 번 다시 만날 수 없게 되는 것이죠. 해마다 2만 5,000종에서 5만여 종이 사라져 가고 있고 이런 추세라면 20~30년 후에는 전체 생물 종의 25%가 멸종될 수 있다고 합니다.

'새들이 없는 세상은 사람도 살 수 없다.'라는 말이 있습니다. 새는 생태계에서 최고 소비자의 위치에 있어 새들이 사라진다는 것은 먹이사슬의 연결 고리가 끊어진다는 걸 의미합니다. 지구상에는 1만 종 이상의 새가 살아가는데 수많은 새가 멸종위기에 놓여 있습니다. 생태계는 서로 관계를 맺고 있어 새가 사라지면 수많은 동식물이 함께 사라지게 됩니다. 다시 말해 새들이 살 수 없는 환경은 사람들이 살아가기에도 어렵다는 것입니다.

새가 사라진다면 어떻게 될까요? 상상하기 쉽지 않은 일입니다. 이해를 돕기 위해 중국의 실제 사례를 소개합니다. 1958년 중국 정부는 들판의 곡식을 먹어 치우는 참새 때문에 골머리를 앓고 있었습니다. 사람이 먹을 식량도 부족한데 새들이 못마땅했죠. 마침 국가주석이었던 마오쩌둥이 길을 걷다가 참새가 곡식을 먹는 것을 보고 '저 새는 해로운 새다.'라고 말을 합니다. 그 말 한마디가 문제의 시작이었죠.

베이징시에 '참새 섬멸 총 지휘부'가 신설되고 참새를 모조리 잡아 죽이기로 했습니다. 연구자들도 마오쩌둥 주석의 말을 뒷받침해 줄 근거를 만들었습니다. '쓰촨성 농촌 마을에는 약 320만 마리의 참새가 있고, 한 마리가 일 년에 2.4킬로그램의 쌀을 먹는다면 쓰촨성 참새들이 대략 7,680톤을 먹어 치울 것이다.'라고 말이죠. 사람 한 명이 일 년간 먹는 쌀의 양을 240kg으로 가정해 중국인 3만 2,000명의 일 년 치 식량이고 이런 식이면 중국 전체에서 70만 명 이상이 먹을 식량이 없어지는 셈이라고 공식 발표를 해 버립니다. 이로 인해 사람들 사이에는 참새 때문에 쌀 수확량이 줄어든 것이라는 인식이 확산하였습니다.

그 당시는 마오쩌둥 주석의 말 한마디면 안 되는 일이 없었고,

신의 뜻으로 여겨질 만큼 권력이 강한 시기였습니다. 중국의 참새 사냥이 시작되었습니다. '참새와의 전쟁'이었죠. 전 국민이 참새를 잡기 위해 밖으로 나왔습니다. 이때 잡혀 죽은 건 참새만이 아니었을 겁니다. 구분해서 잡았을 리 만무하고 비슷한 새라면 모조리 죽였겠죠. 1958년 베이징에서는 참새 소탕 작전 사흘 만에 더는 참새 소리를 들을 수 없게 되었고, 그해 일 년간 중국 전역에서 2억 마리가 넘는 참새가 잡혔습니다. 작전은 대성공이었고, 중국 정부와 국민은 농산물 생산량이 급증할 것으로 기대했습니다.

하지만 결과는 기대와 전혀 다른 방향으로 흘러갔습니다. 중국 연구자들은 참새가 곡물뿐 아니라 곤충을 먹는다는 사실을 간과한 것이죠. 어쩌면 알고도 모른 척했을지도 모르겠습니다. 어쨌든, 이로 인해 참새가 잡아먹는 각종 해충은 천적이 없어져 개체 수가 폭발적으로 증가했고, 대흉년이 시작되었습니다. 해충으로 인해 농업 자체가 회복 불능의 상태가 된 것입니다. 1958년에서 1960년까지 3년 사이 공식 사망자만 2,000만 명, 추정치로는 4,000만 명이 굶어 죽었다고 합니다. 참고로 이 수치는 제2차 세계대전의 희생자 수보다 많은 것입니다.

새가 사라진다는 건 사람에게도 결코 좋은 일이 될 수 없습니다. 역설적으로 새가 사라지는 이유는 대부분 우리 사람들이 원인입니다. 무분별한 환경 개발 등으로 새들의 서식지가 파괴되고, 농약이나 중금속 등으로 환경오염이 심각해졌기 때문입니다. 우리나라 야생에서 사라진 새는 원앙사촌, 크낙새, 따오기가 대표적입니다. 최근에는 1970년대 후반 이후 야생에서 만날 수 없게 된 따오기를 중국에서 도입해 복원하는 사업을 진행하고 있습니다. 멸종위기종을 복원하기 위한 노력은 아주 중요합니다. 다만, 그들이 사라지기 전에 관심을 가지고 주의를 기울였다면 더 좋았겠지요.

전 세계에 수백 마리 정도만 남아 있는 넓적부리도요는 우리나라에서 봄과 가을에 적은 수가 관찰되고 있습니다. 그들의 서식지가 급격히 파괴되고 있어서 머지않아 멸종될 가능성이 큽니다. 여름이면 논에서 쉽게 볼 수 있었던 뜸부기도 최근 들어 많이 줄어들어 환경부에서 멸종위기 야생생물로 지정하여 보호하고 있습니다. 흔히 보이지만 참새나 제비마저 급격히 줄어드는 추세입니다. 지금은 어렵지 않게 만날 수 있지만, 따오기, 뜸부기, 넓적부리도요처럼 미래에는 우리 후손들이 영영 만날 수 없거나 멸종위기에 처하게 될지도 모릅니다.

생물다양성을 지키는 것은 꼭 국가적 차원에서나 연구자들만의 일이 아닙니다. '새는 아는 만큼 보이고 보이는 만큼 지킬 수 있다.'라는 말처럼 우리가 새에게 관심을 가지고 알아가는 것만으로도 사라져 가는 새를 지킬 수 있다고 생각합니다. 모든 생물이 마찬가지겠지만요.

멸종위기에 처한 뜸부기

흔하게 보이지만, 급격히 감소하고 있는 참새(위)와 제비(아래)

2

야외 생물학자

야생동물학자의 삶, 포유류 박사 조영석

이야기

생물학자 정보

- 이름: 조영석
- 출신지: 서울특별시
- 최종 학위: 이학 박사
- 주요 연구 분야: 포유류 분류·생태
- 직업: 대구대학교 생물교육과 교수
- 연구 경력: 25년

- 즐겨 읽는 책: 『이기적 유전자』 등 생물 관련 교양서
- 즐겨 찾는 조사지: 강원도 동강 유역
- 주요 연구 물품: 각종 포획 틀, 촬영 장비, 위치 추적기 등
- 가장 좋아하는 생물 종: 땃쥐*Crocidura lasiura*

→ 모든 포유동물을 차별 없이 좋아하지만, 땃쥐는 최근 깊은 관심을 가지고 행동과 생태를 살펴보고 있다. 몇 끼만 굶어도 생명이 위태로운 작은 동물이지만, 더 작은 동물에게는 무시무시한 포식자로 작은 세계의 제왕이다.

내가 좋아하는 땃쥐

자연과 친구가 되다

초등학교 입학 무렵 서울에서 강원도 강릉으로 이사를 했습니다. 이곳은 서울과 달리 자연을 접하기에 최적이었습니다. 강원도 영동 지역은 서쪽으로 백두대간, 동쪽으로 동해안이 있고 그 사이사이에 많은 하천이 있습니다. 대관령 산자락을 넘어 옛길을 따라, 강릉 남대천에서 바다와 맞닿는 곳까지 물길을 따라, 말 그대로 '산 넘고 물 건너' 자연을 관찰했습니다. 시골 학교였기 때문일까요? 생물을 관찰하는 야외 실습도 많았습니다. 그 덕분에 생물에 대한 흥미가 생겼습니다.

요즘은 학생들이 자연을 접할 기회가 드문 것 같아 아쉽습니다. 스마트폰이나 게임기가 없던 저의 어린 시절에는 자연 속에서 뛰어노는 것이 유일한 놀잇거리였어요. 강릉 남대천 보의 좁은 어도(물고기 길)를 못 쓰는 이불로 막아 아래쪽에 물이 빠지면 다양한 민물고기를 잡아 맛있게 끓여 먹었습니다. 나무를 깎아

만든 새총으로 야생동물을 괴롭히기도 했네요. 지금은 절대 해서는 안 될 일이지만요. 자연을 벗 삼아, 이런 놀이로 어린 시절을 보냈고 야생동물과 자연스레 친해진 계기가 되었습니다.

야생동물의 왕국, 아프리카에 가다

생물에 대한 친숙함 때문인지, 어릴 적부터 생물학자의 꿈을 꾸게 되었고, 그 결심을 실현하기 위해 생물학과에 입학했습니다. 어떤 과목보다 생물학이 좋았고, 생물학 공부를 선택한 것을 단 한 번도 후회한 적이 없습니다. 우리나라뿐 아니라 전 세계의 야생동물에도 관심이 많아서 여러 나라의 포유류 도감을 즐겨 보곤 했습니다.

군 생활 중에는 국제연합군(유엔군)으로 아프리카에 파견을 나갔습니다. 어릴 적 텔레비전 다큐멘터리 프로그램 〈동물의 왕국〉이나 책으로만 접했던 아프리카의 수많은 야생동물을 실제로 볼 수 있어 가슴이 벅차올랐습니다. 이것을 계기로 야생동물학자가 되고 싶다는 의지는 더욱 굳건해졌습니다. 하지만 아쉽게도 우리나라에는 야생동물학과가 없습니다. 야생동물학을 체계적으로 배우고 싶었고 야생동물학자라는 꿈을 이루기 위해 미국으로 유학을 떠났습니다.

아프리카 야생에서 만난 기린

야생동물 분류학과 생태학이란

야생동물학자라는 꿈을 꾼 기간만큼이나, 그 꿈을 이루기 위한 준비 기간도 길었습니다. 그 꿈을 이룬 지금, 야생동물을 주제로 다양한 연구와 교육을 진행하고 있습니다. 요즘 심각하게 대두되는 아프리카돼지열병 관련 멧돼지 연구와 수달, 담비, 산양 등 멸종위기종, 그리고 뉴트리아와 같은 외래종 등을 주된 연구 대상으로 삼고 있지요.

포유류를 중심으로 야생동물 분류학과 생태학을 연구합니다.

그들을 분류하여 식별하고 어느 속屬, 어느 과科에 위치하는 게 맞는지 밝혀냅니다. 두개골 등의 형태와 유전 정보DNA를 비교하고 분석해 지속해서 업데이트합니다. 생태학 연구는 주로 야생동물 관리를 위해 필요합니다. 야생동물학자는 개체군, 서식지, 사람과의 관계 등을 알아내기 위해 노력하지요. 개체군 연구는 유전 정보를 이용합니다. 유전자 분석으로 개체군이 얼마나 큰지, 개체군 사이에서 유전자의 흐름은 어떠한지 등을 파악합니다.

서식지 연구는 지리 정보 시스템GIS을 이용하는데, 야생동물이 서식하는 지역과 서식하지 않는 지역을 비교하고 차이점을 알아내어 선호하는 서식지 요인을 밝힙니다. 야생동물 정책 연구를 위해 사람과의 관계를 분석하기도 합니다. 적절한 관리를 위해 수렵을 허용하거나 제한하고, 보호지역 지정을 위한 정책을 제안하기도 합니다. 이때는 사람에게 재산적인 피해를 최소화하고 그들을 보호하는 최고의 방법이 무엇인지를 거듭 고민합니다.

첨단 기술이 발달한 지금은 주로 무선 위치 추적 기법을 활용해 야생동물의 서식지 연구를 하고 있습니다. 야생동물이 다니는 길목에 무인 카메라를 설치하여 특정 야생동물의 서식 여부를 조사하고, 서식지의 적합성과 여러 환경 요소를 분석해 서식지 모형을 만들기도 합니다. 수달 조사를 예로 들면, 서식하는 지역과 서식하지 않는 지역의 수질, 토지의 이용, 사람의 간섭 요인

무선 위치 추적 중인 연구자 모습

무인 카메라로 촬영한 산양

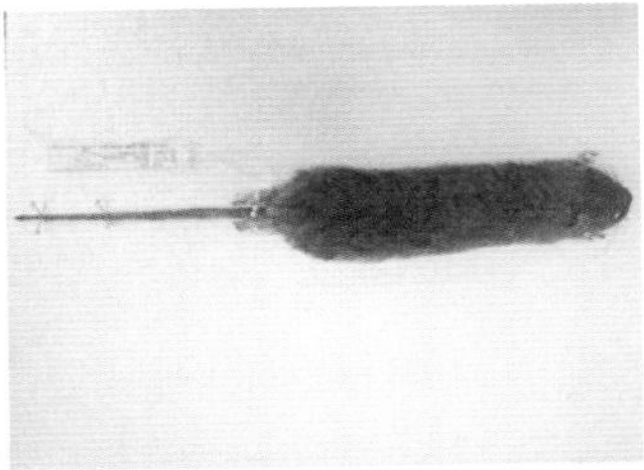

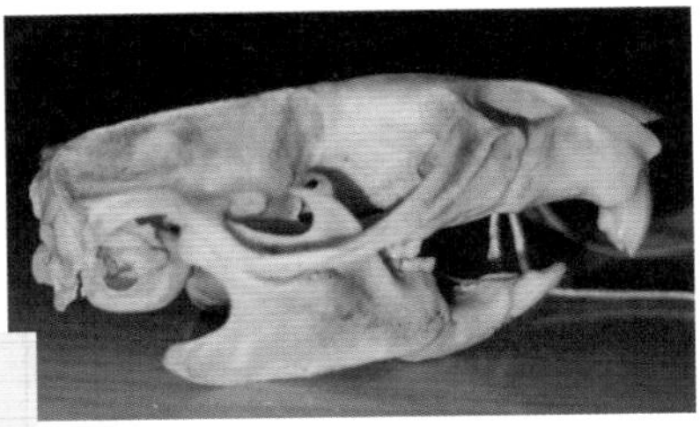

독도 집쥐의 DNA 샘플(왼쪽 위),
연구용 표본(오른쪽 위), 두개골 표본(아래)

을 비교해 수달의 서식에 영향을 미치는 요인과 영향의 정도를 파악합니다.

또한, 유전 정보를 이용한 분자 생태학 기술과 지리 정보 시스템을 융합하여 야생동물의 유전자 흐름에 영향을 주는 환경 요소를 파악하고 있습니다. 예컨대, 독도에 사는 집쥐의 유전자를 분석해 이들이 울릉도에서 왔는지 아니면 동해안 항구가 근원인지를 파악하거나, 전국에 사는 멧돼지의 유전자로 각 지역의 멧돼지가 다른 지역으로 이동을 하는지, 만약 이동한다면 도로나 철도, 하천 등이 이들의 이동에 장애 요인인지 아닌지 등을 분석합니다.

우리나라의 수달 지도를 완성하다

경북 봉화군 춘양면 운곡천이라는 곳은 제가 석사 학위 논문을 쓰기 위해 연구를 시작했던 곳입니다. 아무리 바빠도 일 년에 한 번은 꼭 들르는 곳입니다. 지금은 국립백두대간수목원이 건립된 곳부터 낙동강 합류지까지 28km가 넘는 구간을 일 년 반이라는 시간 동안 매달 일주일씩 조사를 했으니 그곳 하천 주변 큰 바위의 위치 하나하나까지 기억합니다. 특히, 차가 접근할 수 없는 구간을 걸으며 조사하다 보면 다양한 야생동물을 만날 수 있습니다. 영하 20도가 넘는 겨울날 이른 아침 얼음 구멍에서 고개를 내밀고 계속 저를 쳐다보던 수달의 모습, 강가에서 급히 도망치다 몸을 말던 고슴도치, 조사할 때마다 짹짹거리며 경고음을

무인 카메라로 촬영한 담비

수달 배설물 흔적 조사

2000년대 초반에 완성하여
2020년 업데이트한 우리나라 수달 분포도

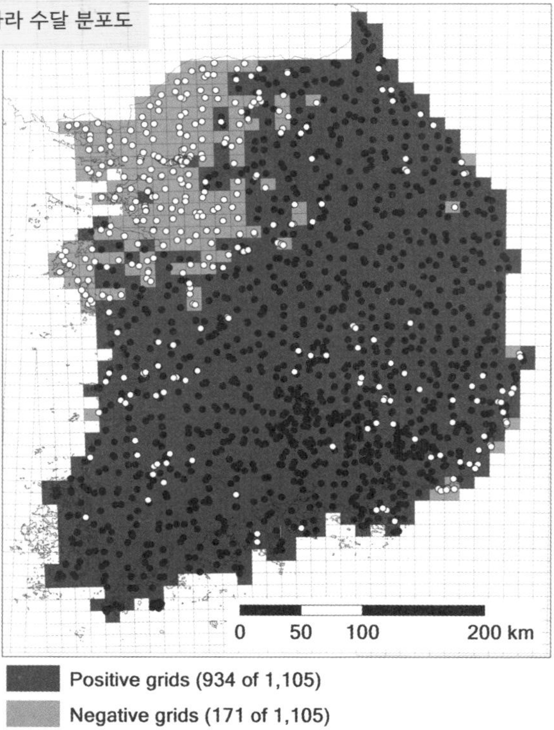

내던 다람쥐, 가을 다래를 실컷 먹고는 녹색 똥을 싸고 달아나던 담비의 모습이 지금도 생생합니다.

특히, 기억에 남는 연구는 전국 수달 분포 조사입니다. 2000년대 초반에 우리나라의 수달 지도를 완성했고 세 번 정도 업데이트했습니다. 수달의 분포 현황을 완성하기 위해 전국의 모든 하천을 다 돌아본 것 같습니다. 하천이 없는 지역이 거의 없으니 모든 읍면 단위를 조사한 셈이지요. 지금도 어느 지역에 어떤 하천이 있고 어떤 다리, 보, 저수지가 있는지 거의 맞힐 수 있을 만큼 기억에 남는 조사였습니다. 전국 각지의 다양한 지역을 방문하면서 만난 맛집과 멋진 풍경은 덤이었습니다.

포유류 연구에 필요한 것들

야생동물 연구는 크게 야외에서 진행하는 현장 연구와 실험실에서의 연구로 구분됩니다. 때에 따라 야외 조사는 아무런 장비 없이 수첩 하나만으로 충분할 때도 있습니다. 요즘은 스마트폰에 메모 기능과 사진 촬영 기능이 있어 그마저도 필요 없을 때가 많지요. 특히, 야생동물 행동 연구에 있어서는 더욱 그렇습니다. 다만, 야간 조사를 위해서는 밝은 손전등이 필요하고 야간 투시경을 사용할 때도 종종 있습니다.

동물을 직접 포획하는 조사는 상황이 다르지요. 소형 포유동물은 대부분 포획용 덫을 이용합니다. 땃쥐류는 먹이에 쉽게 유인되지 않지만 구석구석 잘 돌아다니는 행동 특성상 덫만 많이 놓는다면 쉽게 잡힙니다. 설치류는 땅콩버터로 유인해서 포획합니다. 덫은 작은 쥐를 잡는 소형 쥐덫에서 큰 동물을 잡는 대형 덫까지 다양하고, 대형 동물은 필요에 따라 마취를 하기 위해 마취총이나 마취용 스틱 등을 사용하기도 합니다. 이것은 전문적인 기술과 함께 법적 허가를 받고 진행해야 하므로 주의가 필요합니다.

중대형 포유동물은 흔적으로 조사합니다. 각기 다른 발자국과 배설물의 형태를 가지고 있어 그 흔적으로 종을 식별할 수 있어요. 이 밖에도 종류에 따라 나무에 몸을 비빈 흔적, 뿔을 비빈 흔적, 굴을 판 것 등 다양한 흔적을 남깁니다. 야생동물학자는 탐정처럼 이런 흔적을 통해 여러 가지를 알아내야 합니다.

야생동물들은 사람 눈에 잘 띄지 않고 마주치면 경계할 수 있어서 간접적인 조사가 필요합니다. 무인 카메라를 설치하기도 하고 드론을 사용하기도 합니다. 또한, 위치를 확인하기 위해 추적용 무선 목걸이를 부착하기도 합니다. 다만, 수달같이 목이 짧고 굵은 동물에게는 목걸이를 걸지 못하고 수술을 통해 몸 안에 발신기를 넣습니다.

실험실 내에서는 유전자DNA 분석 실험을 위한 장비가 필요합니다. 정밀한 스포이트인 마이크로 피펫을 이용하면 시약을 일정량씩 옮길 수 있습니다. 유전자의 증폭을 위해서는 유전자 증폭기PCR라는 연구 장비가 필요합니다. 동물의 털이나 배설물을 정밀 관찰할 때는 현미경을 사용합니다. 모든 동물의 털은 각각의 다른 형태를 하고 있어 이를 통해 어떤 동물인지 쉽게 확인할 수 있습니다. 또한, 동물의 배설물을 확인하면 어떤 먹이를 즐겨 먹는지에 대한 정보를 얻을 수 있어 먹이 연구에 유용합니다.

포유류 연구자의 조사·연구 용품

카메라 장비: 촬영을 위해 카메라와 다양한 렌즈, 링플레시 등이 필요하다.

액션캠(고프로 카메라): 몸에 달고 다니면서 현장의 모습을 촬영하거나, 야외에 고정하여 동물의 모습 등을 촬영한다.

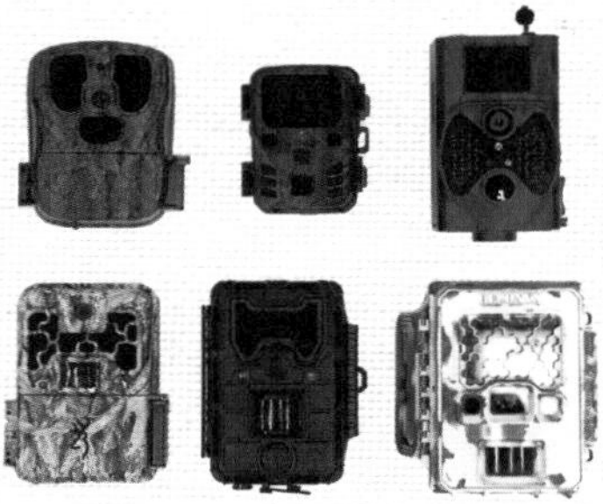

무인 센서 카메라: 야생동물은 사람을 경계하기 때문에 무인 센서 카메라로 촬영하는 경우가 많다. 동물이 지나가면 센서가 인식하여 자동으로 촬영된다.

적외선 드론: 포유류와 그들의 서식지를 확인하는 용도이며, 야행성 동물 관찰을 위해 적외선 카메라가 부착되어 있다.

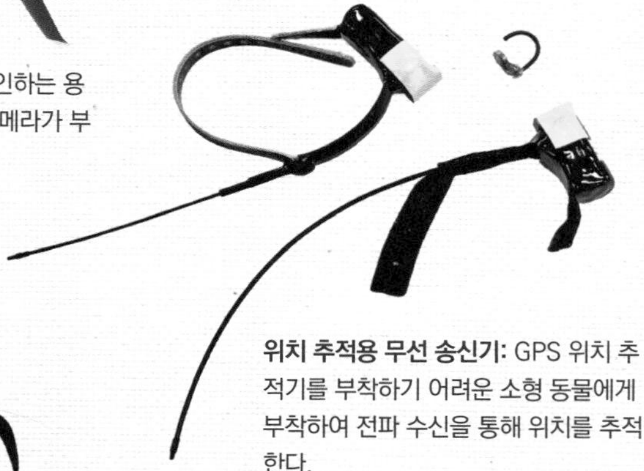

위치 추적용 무선 송신기: GPS 위치 추적기를 부착하기 어려운 소형 동물에게 부착하여 전파 수신을 통해 위치를 추적한다.

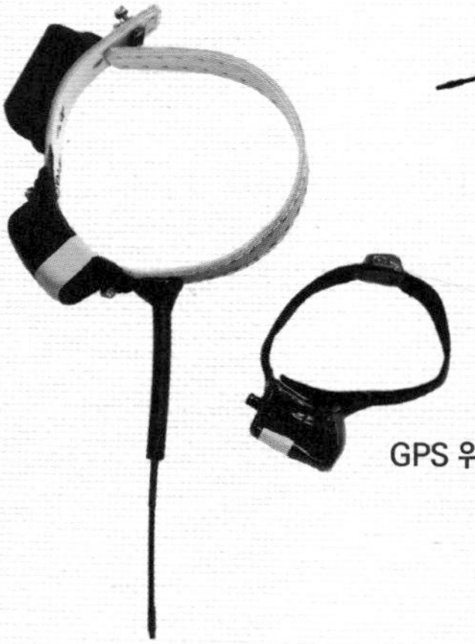

GPS 위치 추적기: 대형 포유류의 목에 부착해 위치를 추적하는 장비다.

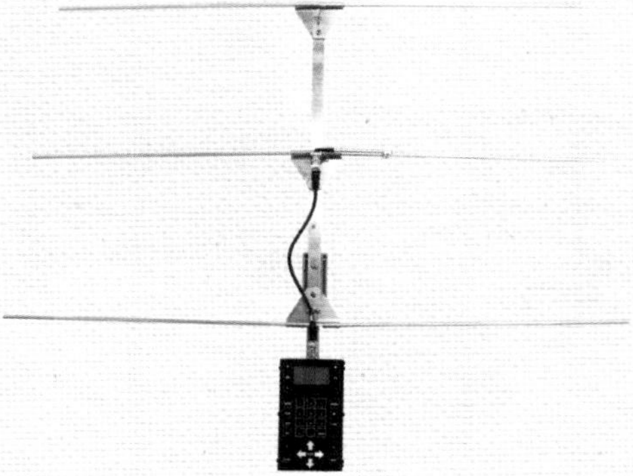

셔먼트랩Sherman trap**:** 포획틀이라고 부르며, 접이식으로 펼쳐서 설치한다. 설치류 등의 작은 동물을 잡는 용도로 사용한다.

전파 수신용 안테나: 무선 송신기가 부착된 야생동물은 전파를 수신해 위치를 파악할 수 있다.

야간 서치용 랜턴: 야행성 동물을 조사하기 위해서는 밝은 랜턴이 필요하다.

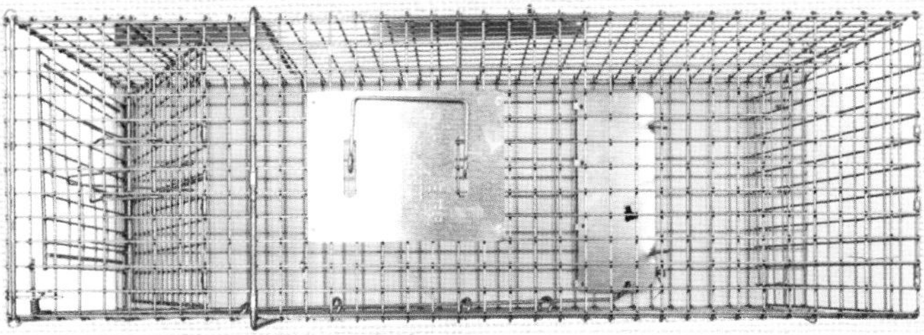

토마호크트랩Tomahawk trap**:** 포획틀의 일종이며, 동물의 크기나 형태, 습성에 따라 다람쥐용, 너구리용, 삵용 등 종류가 다양하다.

헤드랜턴: 야간 조사 시 손이 자유롭도록 헤드랜턴이 자주 사용된다.

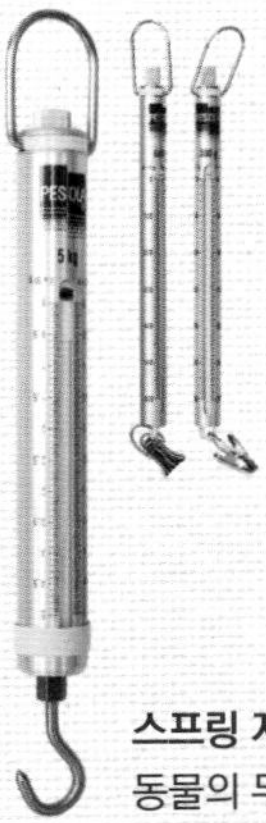

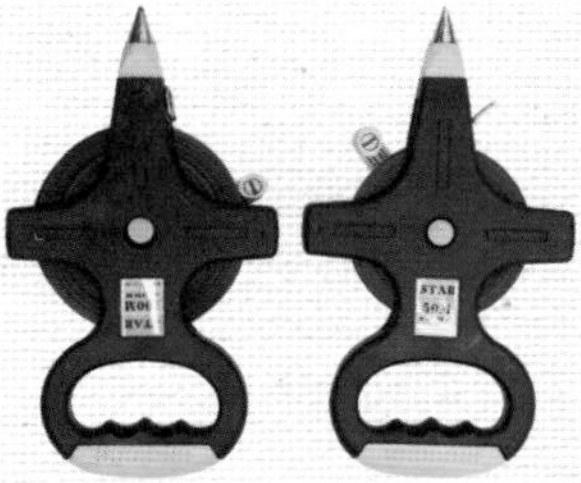

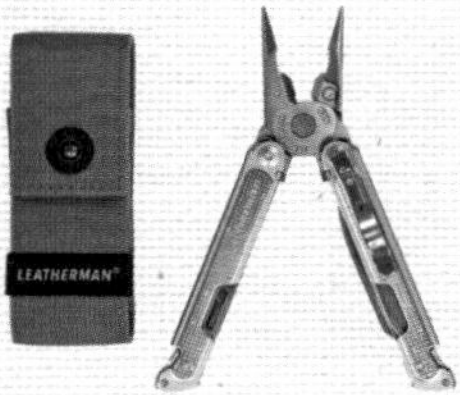

줄자: 야생동물의 행동 분석 등을 위한 면적 계산과 거리 확인 등을 위해 사용한다.

멀티툴: 조사 용품을 사용하기 위해서는 여러 가지 도구가 필요한데 멀티툴이 있으면 다용도로 활용할 수 있다.

스프링 저울: 야외에서 야생동물의 무게를 측정할 때 간이용으로 사용한다.

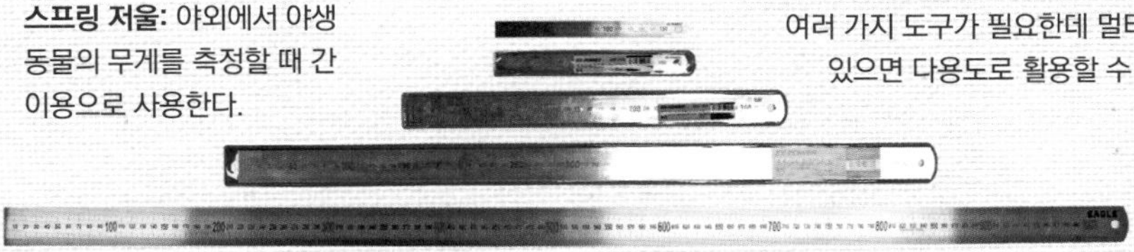

측정용 자: 야생동물의 크기를 측정할 때 사용한다.

지퍼팩: 야외에서 동물의 사체를 발견하면 연구용으로 사용하기 위해 지퍼팩에 담아 수거한다.

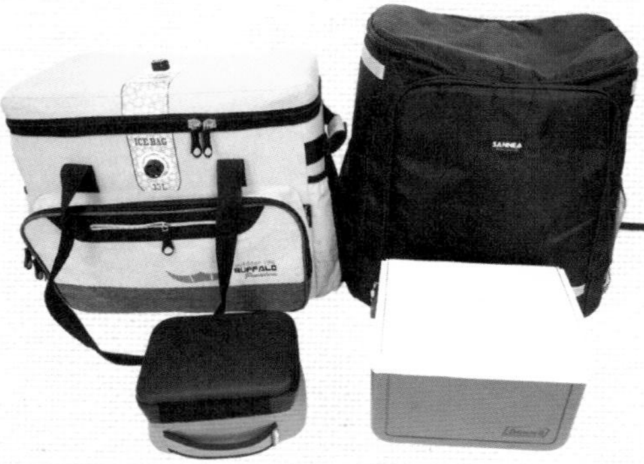

아이스박스: 동물의 사체를 실험실에 옮길 때까지 부패하지 않도록 아이스박스가 필요하다.

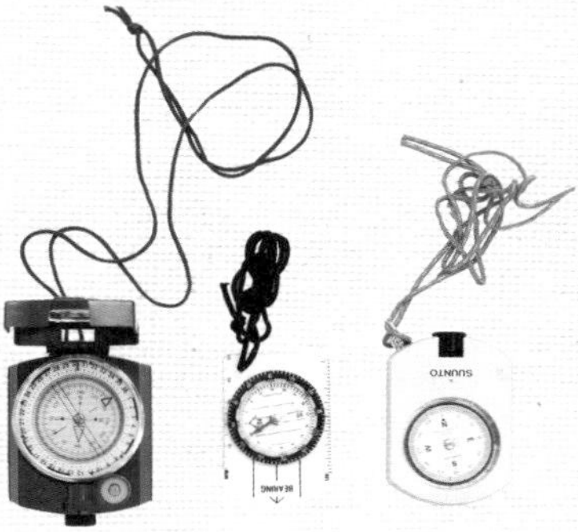

나침반: 야생동물의 무선 추적 시 전파가 나오는 방향을 확인하기 위해 필요하다.

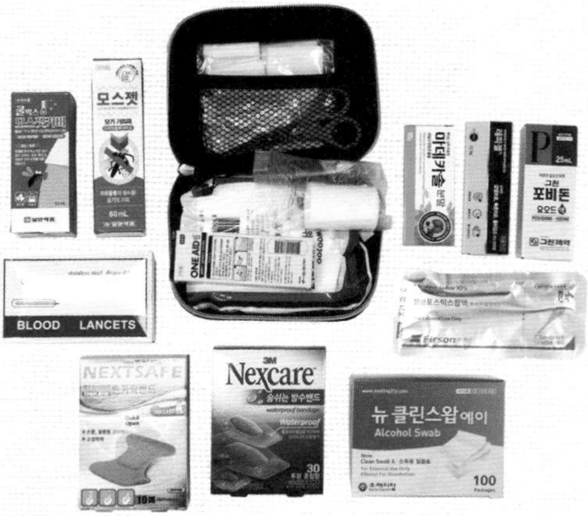

구급용품: 험난한 지역에서 조사하는 경우가 많고, 해충에도 노출되기 쉬워 구급용품은 필수로 지참한다.

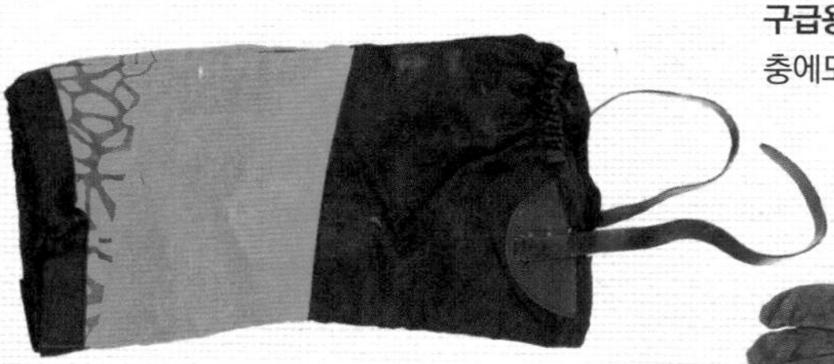

스패츠: 눈길이나 산길을 걸을 때 무릎 아래를 보호해 준다.

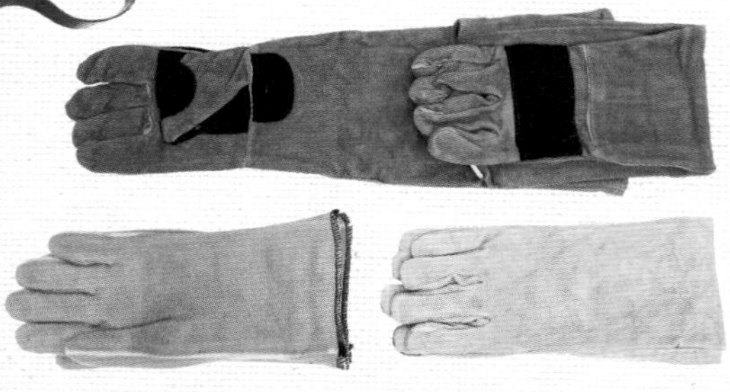

가죽장갑: 야생동물은 사나워서 제압을 위해 두꺼운 가죽장갑이 필요하다.

야외 생물학자를 꿈꾸는 10대에게

요즈음 야생동물을 좋아한다고 말하는 학생을 많이 봅니다. 하지만 이렇게 말하는 사람들 중에는 반려동물이나 동물원에 있는 동물에 대한 흥미를 야생동물에 대한 관심으로 착각한 경우가 많습니다. 또 야생동물을 좋아하는 것과 전문적으로 연구하는 것은 매우 다른 문제입니다. 연구자는 많은 공부를 해야 하고 자신의 전공뿐 아니라 생물학 전반에 대한 폭넓은 지식을 갖춰야 하지요. 예를 들어, 분류학과 생태학을 연구한다면 생리학, 유전학, 분자생물학을 아우르는 공부가 바탕이 되어야 합니다.

특히 야생동물 연구자는 체력이 튼튼하고 부지런해야 합니다. 덫에 걸린 동물이 죽지 않게 동트기 전에 현장에 가야 하고 배설물의 유전 정보가 훼손되기 전에 빨리 현장 작업을 합니다. 위치 추적 장비가 좋아진 덕에 중대형 동물은 GPS를 통해 획득된 좌표를 인터넷으로도 받을 수 있지만 야행성의 작은 동물은 아직도 밤마다 사람들이 무거운 위치 추적 안테나를 가지고 위치를 파악해야 합니다. 야행성 동물의 연구를 위해 밤을 새우는 것은 피할 수 없습니다.

다만 안타깝게도 우리나라에는 야생동물학과가 없습니다. 생물학과에서 야생동물을 전공하는 교수님도 드뭅니다. 이러한 이유로 야생동물을 공부할 기회를 얻기가 매우 힘든 것이 현실입니다. 하지만 분명한 목표와 뜻이 있다면, 공부할 수 있는 길은 얼마든지 있습니다. 어려운 상황만 생각해 미리 포기하기보다는 도전해서 자기만의 길을 찾으면 좋겠습니다.

캠퍼스 다람쥐의 실종과 보전생물학

우리나라에는 멸종위기에 처한 생물 종이 많습니다. 더 심각한 문제는 무분별한 개발로 인한 서식지 파괴, 환경오염, 기후 위기 등으로 생물다양성이 급속히 감소하고 있다는 것이죠. 환경부에서는 멸종위기에 처한 야생생물을 보호하기 위해 「야생생물 보호 및 관리에 관한 법률」에 따라 멸종위기 야생생물 267종을 지정하여 관리하고 있습니다. 우리와 함께 살아가는 생물들이 보호를 받아야만 살 수 있는 처지에 놓이게 된 것이죠. 이러한 생물 종의 멸종위기는 우리나라만의 문제는 아닙니다. 국제적으로도 많은 동물과 식물이 '야생동·식물 거래에 관한 국제협약CITES'이나 '이동성 야생동물보호협약CMS' 등을 통해 보호받고 있습니다.

특히, 포유동물은 다른 생물보다 눈에 쉽게 띄고, 사람들과 밀접한 관계를 맺으며 오랜 시간을 서로 부대끼며 살아가고 있습니다. 그래서인지 인간이라는 절대적인 위협 요인에 의해 개체수가 크게 줄었습니다. 옛날이야기에 자주 등장하던 호랑이, 표범, 늑대, 여우, 곰 등의 야생동물은 이미 우리나라에서 사라져 이들 중 일부는 복원 사업을 진행하고 있습니다. 이런 덩치 큰 동물들은 대중에게 많이 알려져 그나마 관심이라도 받고 있지만, 다양한 소형 포유동물은 사람에게 알려지기도 전에 사라지고 있습니다. 이처럼 멸종위기종을 관리하고 생물다양성을 보전하기 위한 학문 분야를 보전생물학이라 부릅니다.

야생동물 보전생물학자는 생태계에서 의사와 같은 맥락의 일을 합니다. 야생동물이 줄어드는 생태계는 병이 든 상태와 같습니다. 환자를 처음 만난 의사가 먼저 어떤 병인지 진단하듯, 야생동물 보전생물학자는 멸종위기 야생동물이 멸종위기에 처하게 된 상황과 원인에 대해 진단을 합니다. 일반적으로 야생동물이 살아가기 위해서는 적절한 공간, 충분한 먹이, 마실 물, 은신처 등이 필요합니다. 이 외에 서로 경쟁하거나 공생하는 생물들의 존재도 중요한 생존 조건입니다. 이에, 멸종위기 야생동물을 보전하기 위한 노력으로 철저한 생태학적 조사를 통해서 원인을 진단합니다.

멸종 원인이나 생물 종 감소에 대한 정확한 진단이 이루어진다면 치료는 훨씬 수월합니다. 멸종위기종은 아니지만, 환경지표 동물로 지정된 다람쥐를 살펴봅시다. 예전에는 어디서든 쉽게 볼 수 있었지만, 요즘에는 그 수가 크게 줄었습니다. 제가 근무하는 대학교 캠퍼스에도 예전에는 다람쥐가 많이 살았지만, 현재는 일 년에 한두 번 만나기도 어려운 상황입니다. 왜 그런지

포획틀 안에서 먹이를 먹고 있는 다람쥐

이유를 진단해 보았습니다.

다람쥐의 생존에 가장 중요한 기본 요소로 밤이나 도토리 등의 먹이와 숨을 수 있고 겨울잠을 잘 수 있는 보금자리, 목마름을 해소할 수 있는 식수 등이 필요합니다. 그런데 캠퍼스를 개발하면서 주요한 먹이원인 도토리를 공급하던 참나무가 많이 사라졌습니다. 다람쥐의 보금자리는 큰 나무뿌리 주변 굴이나 돌 더미가 만들어 주는 공간인데 이러한 공간 역시 많이 사라졌습니다. 게다가 학생들이 키우던 고양이를 많이 유기했고, 이들의 상당수가 캠퍼스 내에서 번식했습니다. 고양이는 먹이가 충분해도 포식자의 본능으로 작은 동물을 사냥하는 습관이 있습니다. 소형 포유동물인 다람쥐도 그 희생양이 된 것이지요. 이런 복합적인 이유가 캠퍼스에서 다람쥐를 몰아냈습니다.

사라진 다람쥐를 다시 불러오기 위해서는 원인에 대한 면밀한 연구가 이루어져야 합니다. 다람쥐의 행동권을 확인하고 어떤 유형의 서식지를 선호하는지, 먹이는 무엇을 좋아하는지 등을 먼저 알아야 합니다. 이렇게 진단한 문제들을 모두 해결해야만 다람쥐가 다시 우리 곁으로 돌아올 것입니다.

멸종위기종에 대한 보전생물학자의 접근도 마찬가지입니다. 멸종위기에 처해 있거나 급감한 원인이 무엇인지 정확하게 진단하고 그 원인을 제거해야 합니다. 우리나라의 안타까운 현실은 멸종위기 야생생물의 수보다 이들의 상황을 진단하고 해결법을 제시할 수 있는 보전생물학자의 수가 터무니없이 적다는 사실입니다. 여러분이 미래의 보전생물학자가 되어서 우리나라의 아픈 생태계를 치료하고 멸종위기종을 지켜 줄 수 있기를 기대해 봅니다.

3

야외 생물학자

『자산어보』의 대를 잇는, 어류 박사 최승호

이야기

생물학자 정보

- 이름: 최승호
- 출신지: 전라남도 완도군 보길면
- 최종 학위: 이학 박사
- 주요 연구 분야: 어류 분류·생태
- 직업: 어류 연구자
- 연구 경력: 25년

- 즐겨 읽는 책: 생물 진화 관련 서적
- 즐겨 찾는 조사지: 담수와 해수가 만나는 기수역
- 주요 연구 물품: 채집 도구(투망, 족대, 뜰채) 및 장화, 포르말린, 에탄올, 카메라 등
- 가장 좋아하는 생물 종: 감돌고기*Pseudopungtungia nigra*

  → 몸통에 가로로 길고 어두운 줄무늬와 지느러미 무늬가 특징이다. 화려하진 않지만, 손가락 정도의 크기로 귀엽게 생겨 어릴 적부터 좋아한 어류다. 우리나라에만 서식하는 고유종이고 환경부 멸종위기야생생물 I급으로 지정·보호하고 있다.

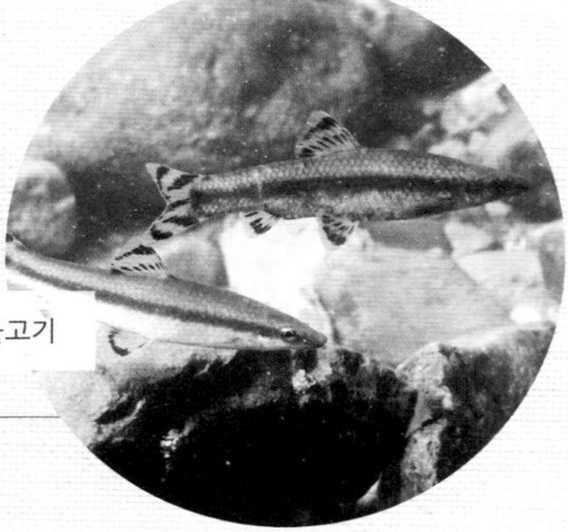

내가 좋아하는 감돌고기

해양 생물 놀이터, 보길도

완도 끝자락에서 약 12㎞ 떨어진 남쪽 바다에는 제가 태어나고 자란 보길도가 있습니다. 섬과 바다는 부모님에게 삶의 터전이었고, 저에게는 놀이터였습니다. 어린 시절 외딴섬에서 생물은 공부의 대상이 아니었고 그 자체에 관심이 있는 것도 아니었습니다. 바닷가의 해양 생물은 그저 놀이의 대상이었고, 생물을 만나는 것이 평생 직업이 되리라고는 상상조차 못했습니다.

어릴 적부터 바다 생물에 친숙했지만, 생물을 직접 배운 건 중학교 시절 교과서를 통해서입니다. 생물 선생님이 보여 주신 도감을 보고 그동안 알던 생물들, 특히 물고기를 비롯한 해양 생물들의 이름이 섬 지역에서 부르던 이름과는 다르다는 걸 알게 되었습니다. 너무 충격이었고 그들의 정확한 이름을 알고 싶어 바로 헌책방을 뒤져 몇 권의 학생용 도감을 샀습니다. 그 책을 보며 생물과 더 가까워졌습니다. 그 후 생물에 관심이 커져 생물학과

보길도 해안에서 쉬고 있는 큰고니 무리

에 진학하게 되고, 그중 어류에 관심이 가장 많았기에 어류학자를 꿈꾸며 대학원에 진학해 지금에 이르렀습니다.

다시 쓰는 『자산어보』를 꿈꾸며

주된 연구 분야는 어류 행동생태학입니다. 스킨스쿠버를 이용해 물속 어류의 행동과 주변 환경과의 관계, 행동의 진화 등을 연구했습니다. 최근에는 우리나라 하천이나 민물이 바닷물과 서로 섞이는 기수역에 서식하는 어류의 서식 현황을 주로 조사하고 있습니다. 썰물 때 드러나는 부분인 조간대에 서식하는 어류도 함께 조사하고 있고, 동남아시아 서식 어류까지도 조사 영역을 확장해 나가고 있습니다.

행동생태 연구는 물고기의 움직임을 직접 관찰해야 해서 물이 탁한 곳은 제약이 많습니다. 민물에서는 물이 맑은 상류나, 계곡에서 연구를 진행하며, 바다에서는 시야가 잘 확보되는 열대나 아열대 지역에서 연구합니다. 바다에 들어갈 때는 대부분 스쿠버 다이빙 장비를 착용합니다. 특정 물고기의 행동 패턴을 관찰하고 주변 환경 등의 지속적인 변화도 함께 조사합니다.

최근에 수행하고 있는 주된 연구 주제는 우리나라 하천에 서식하는 어류의 모니터링입니다. 매년 봄과 가을에 정해진 수역에서 투망과 족대를 이용하여 어류를 채집하고 어류의 종과 개체수, 서식 환경 등을 분석합니다. 그 결과는 수생태계의 건강성을 평가하는 자료로 활용됩니다. 생물 표본을 확보하는 것도 필수입니다. 어류 표본은 주로 연구기관에서 연구용으로 제작하기 때문에 식별 정보 및 채집 정보(채집일, 채집 장소, 위치 정보, 채집 방법 등)를 함께 기록합니다.

어류의 분류학적 연구를 위해서는 대학이나 연구소 등에 보관 중인 어류 표본을 대여하거나, 직접 포획하여 특정 분류군에 대한 차이점을 비교합니다. 어류의 지느러미나 비늘 수 및 골격 등

자망(걸그물)으로 어류를 포획하는 모습

어류 표본을 제작하는 모습

을 관찰하여 종을 비교하는 것입니다. 이때는 대부분 실체현미경으로 관찰하며, 디지털 캘리퍼스라는 정교한 자를 이용하여 어류 각 부위의 크기와 비율을 측정합니다. 또한, 국내에 지금까지 보고되지 않았던 어류(미기록종)를 확보하게 되면 사진과 측정 자료, 그리고 기존 문헌 등과의 비교를 통해 종을 정확히 검증하고 관련 학회에 보고하여 종 목록에 등재합니다.

앞으로는 그동안 연구했던 결과를 묶어 어류에 관한 다양한 책을 쓰고 싶습니다. 『자산어보』라는 유명한 책이 있습니다. 조선 시대에 정약전이라는 분이 쓴 책입니다. 흑산도에서 유배 생활하며 그곳에서 서식했던 우리나라의 토종 어류와 갑각류, 조개류에 대한 정보를 담았지요. 종의 명칭, 분포, 생태, 유용성 등이 상세히 작성되어 있습니다. 오늘날에도 많은 학자가 이 책을 참고합니다. 제가 태어난 완도를 포함한 전국 섬과 연안의 어류에 대해 풍부한 정보를 담은 『자산어보』와 같은 책을 쓸 날을 꿈꾸며 오늘도 어류 연구를 하고 있습니다.

세계를 무대로 한 연구 활동

주된 연구 대상 어류가 망둑어류이기 때문에 기수역이나, 조간대 등을 즐겨 찾습니다. 다양한 해양 어류를 보기 위해서 제주

서귀포나 남해안의 거제도 등 조간대도 자주 찾아갑니다. 우리나라에 어류가 서식하는 곳이라면, 어디든 조사를 갔지만 특히 기억에 남는 것은 해외 조사입니다.

캄보디아에서 메콩강에 서식하는 어류를 대상으로 현지 연구원과 함께 5년간 공동 조사를 진행한 적이 있습니다. 메콩강은 중국의 티베트에서 발원해 미얀마, 라오스, 태국, 캄보디아, 베트남을 거쳐 남중국해로 흐릅니다. 그 길이가 약 4,350㎞로 동남아시아에서는 최고로 큰 강입니다. 규모만큼이나 다양한 민물 어류가 서식하는 곳이어서 우리나라에서 관찰하지 못했던 수많은 종을 확인할 기회가 되었습니다. 물론, 언어가 달라 의사소통도 어렵고, 우리나라에 서식하는 어류와 생김새도 너무나 달라 처음에는 굉장히 힘들었지만, 다양한 문헌 및 외국 학자들과의 교류를 통해 점차 연구를 확대하고 협력 체계도 마련할 수 있었습니다.

두만강과 압록강에서 2년간 추진했던 조사도 잊지 못할 기억입니다. 한반도 가장 북쪽을 경계로 이어진 이곳은 그 길이만 1,400㎞에 달합니다. 우리나라 내륙의 어류상과 비슷하면서도 다른 점이 많은 흥미로운 곳이었습니다. 다만, 북한과 접해 있어 갈 수 없는 곳이 많아 중국에 속하는 두만강과 압록강 지류 하천만 조사할 수밖에 없어 아쉬움이 컸습니다. 국경선을 따라 이동하면서 북한 지역을 조사하지 못하고 중국을 통해 멀리 돌아가

해외 조사 결과를 통해 발간한
캄보디아 어류 도감

캄보디아에서 족대로 어류를 포획하는 모습

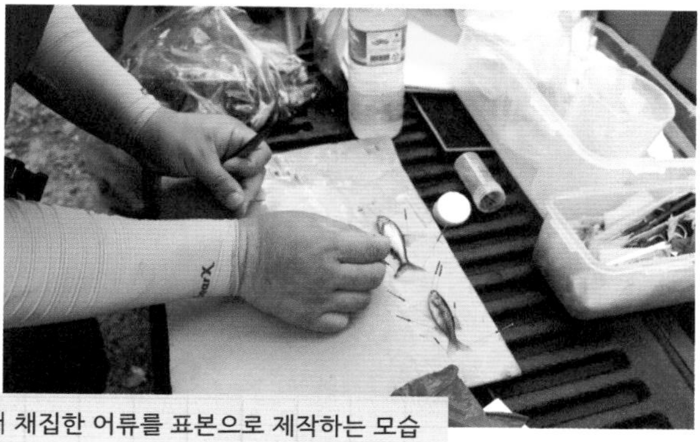

캄보디아 현지에서 채집한 어류를 표본으로 제작하는 모습

연구를 해야 할 수밖에 없는 현실 때문에 가슴 아팠던 기억이 납니다.

어류 연구에 필요한 것들

어류 연구에 필요한 장비와 물품은 조사 방법에 따라 다양합니다. 민물에 사는 어류는 분류학 연구 및 어류의 서식 현황 파악을 위해 투망, 족대, 뜰채 등을 이용해 포획합니다. 물에 직접 들어가 조사하기 때문에 가슴 장화는 필수입니다. 연구를 마친 어류는 대부분 다시 방류하지만, 일부는 표본 연구를 위해 채집 후 보관합니다. 표본 제작 및 보관을 위해서는 10% 포르말린 수용액과 유전자DNA 분석을 위한 조직 표본 보관용 에탄올 등도 준비해야 합니다. 바다에 서식하는 어류는 낚시나 스쿠버 다이빙으로 조사를 합니다. 다이빙용 슈트와 스쿠버 장비 등이 필요하지요. 또한, 관찰 기록을 위해 수중 카메라가 필요한 때도 있습니다.

어류 연구자의 조사·연구 용품

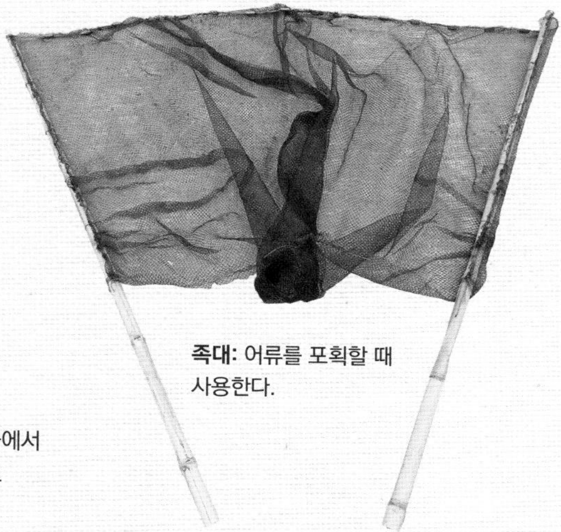

족대: 어류를 포획할 때 사용한다.

가슴 장화: 대부분 물에서 조사가 이루어지므로 필수 물품이다.

투망: 어류를 포획할 때 사용한다.

액침병: 투명한 병으로 채집한 어류를 보관할 때 사용한다.

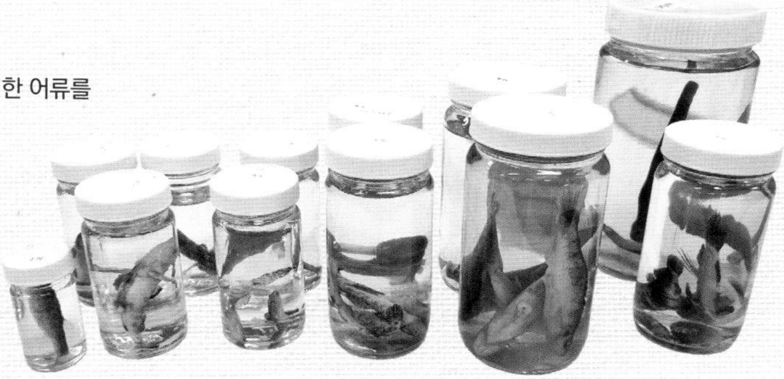

야외 생물학자를 꿈꾸는 10대에게

일단 생물 그 자체에 관심을 두길 바랍니다. 최근 생물학에 관심을 보이는 학생은 많지만, 새, 물고기, 곤충 등 특정 생물군에만 관심을 두고 다른 생물에는 거의 관심이 없더군요. 그러나 생물은 혼자 살아갈 수 없습니다. 다른 생물과 끊임없이 경쟁과 협력하며 번성해 나갑니다. 따라서 내가 좋아하는 생물군뿐 아니라 주변에 서식하는 모든 생물을 애정을 가지고 바라보는 넓은 시야가 필요합니다.

이론적인 측면도 중요합니다. 특정 생물만 알고, 또 생물 분야만 공부해서는 생물학의 실력자가 될 수 없습니다. 생물학 관련 공부뿐 아니라 화학, 물리, 지질 등 다양한 분야의 지식을 갖추는 것이 필요합니다. 특히 생물학을 공부하고 싶다면 리차드 도킨스의 책들, 그 가운데 『이기적인 유전자』는 반드시 정독해 보기를 권합니다. 생물학의 기본을 이해하는 데 많은 도움이 될 것입니다.

그리고 어류 연구자가 되는 데 빼놓을 수 없는 것이 하나 더 있습니다. 바로 체력입니다. 이 연구는 현장 조사가 대부분입니다. 체력이 없으면 오래 하기 쉽지 않습니다. 꾸준히 운동하면서 체력을 기르는 것도 어류 연구자가 되기 위한 준비임을 잊지 않았으면 좋겠습니다.

생물 이야기

생물학자가 바라본 『자산어보』

이 이야기는 조선 시대 후기로 거슬러 올라갑니다. 그 시대에는 성리학이라는 학문의 가르침이 사회의 토대가 되었습니다. 사실 백성들이 잘사는 문제와는 거리가 먼 학문이었죠. 이런 한계 때문에 18세기 말에는 권위 의식이나 유교적 사상을 거부하는 천주교가 확대되고, 유교 사회에서 위협적인 요소가 되었습니다.

조선에서는 천주교를 서양의 문화로 여기고 서양 문물과 학문을 서학이라 불렀습니다. 천주교도는 '서학쟁이'라고 부르며 천시했지요. 그러나 천주교 세력은 급격히 확대되었고, 위협을 느낀 지배 세력은 1801년에 '신유박해辛酉迫害'를 일으킵니다. 천주교도를 제거하기 위한 일종의 종교 탄압이자 권력 다툼인 셈이었죠. 당시 천주교도 약 100명이 처형되고, 400명 정도가 유배되었습니다. 이때 손암巽庵 정약전丁若銓은 흑산도로, 그의 동생인 다산茶山 정약용丁若鏞은 강진으로 유배 가게 됩니다. 사실, 정약전은 전남 신안군의 우이도牛耳島에 유배되었으나, 그곳의 환경이 척박하여 살기가 힘들어서 흑산도 사리마을로 이주하여 살았다고 합니다.

정약전이 흑산도에서 유배 생활을 보내는 동안 우리나라 최초로 어류를 포함한 해양 생물의 정보를 상세하게 기록한 『자산어보兹山魚譜』가 1814년에 탄생하게 됩니다. 참고로 자산兹山의 자兹는 흑산黑山의 흑黑과 같이 '검다'라는 의미가 있어 둘은 같은 뜻입니다. 정약전은 흑산이라는 이름이 음침하고 어둡게 느껴져 '자산'이라고 썼다고 합니다. 『자산어보』는 3권 구성이고 총 55개 분류군, 226종을 서술하였습니다. 그 당시까지 해양 생물을 기록한 책 중에서는 가장 많은 종을 기록한 것입니다. 1권에는 인류(鱗類, 비늘이 있는 어류), 2권에는 무린류(無鱗類, 비늘이 없는 어류)와 개류(介類, 껍데기가 있는 어류), 3권에는 잡류(雜類, 어류 이외의 기타 해양 생물류)가 정리되어 있습니다.

『자산어보』의 생물 기록은 현재의 생물 분류학적 개념과는 차이가 있지만, 생물 분류법이 확립되지 않은 시기인 점을 고려한다면 학술적으로도 높이 평가받아야 마땅한 자료입니다. 특히, 체계적이고 독특한 분류 방식이 눈에 띕니다. 현재에도 생물을 '계·문·강·목·과·속·종'이라는 체계와 기준을 갖고 분류합니다만, 무려 200년도 훨씬 전에 나름의 분류 체계를 만들었다는 것입니다. 총 226종을 4류로 대분류하고 그 아래에 다시 55류로 나누어 분류하였지요. 또한, 그 당시에 이름이 없거나 수정이 필요한 생물은 새롭게 작명을 하였는데, 그 수가 전체 226종 중 131종으로

『자산어보』 필사본(국립중앙도서관 소장)

수록된 생물 종의 절반을 넘습니다.

더욱 대단한 점은 해양 생물에 대한 과학적 관찰과 상세한 기록이라는 것입니다. 어류와 갑각류, 조개류에 대해 종별로 분포, 생태, 그리고 사람들이 유용하게 활용할 수 있는 정보까지 체계적이고 이해하기 쉽게 기록한 것이 놀라울 따름입니다. 다만, 생물 종에 대한 그림은 나와 있지 않은데, 그 이유가 그림은 정확하지 않을 수 있으니 글로 자세히 서술하는 게 더 나을 것 같다는 동생 정약용의 조언 때문이라고 전해집니다.

이 책이 완성되기까지 두 사람의 도움이 컸습니다. 흑산도 생물에 대한 현장 경험이 풍부하고 세밀한 관찰력까지 갖춘 장창대라는 젊은 주민이 있었는데, 정약전이 알지 못하는 어류와 해양 생물을 알려 주고 함께 관찰하며 많은 도움을 주었다고 합니다. 『자산어보』 서문에 '성격이 조용하고 정밀해 들리는 것, 보이는 것을 모두 세밀하게 관찰하고 깊이 생각해 그 성질을 이해한다.'라고 소개할 정도였으니까요. 또 다른 이는 이청이라는 정약용의 제자입니다. 사실 공동 저자라고 해도 무방할 정도로 『자산어보』의 완성에 깊은 관여를 하였습니다. 정약전이 조사하지 않은 생물 16종을 추가하였고, 기존 기록은 문헌 고증으로 그 내용을 보완해 완성도를 높여 마무리한 인물입니다.

현재, 『자산어보』의 원본은 남아 있지 않습니다. 현존하는 『자산어보』는 제삼자에 의해 기록된 필사본뿐이며, 국립중앙도서관과 서울대학교, 고려대학교, 영남대학교의 도서관 등에 소장되어 있습니다.

『자산어보』는 19세기 초 흑산도의 생물을 관찰하고 기록하고 정리한 책이지만, 지금의 야외 생물학자가 수행하는 조사나 연구와 매우 닮아 있고, 오늘날에도 많은 생물학자가 참고하고 있을 만큼 우수합니다.

4

야외 생물학자

멸종위기 야생생물을 보호하는, 양서·파충류 박사 이정현

이야기

생물학자 정보

- 이름: 이정현
- 출신지: 강원도 홍천
- 최종 학위: 이학 박사
- 주요 연구 분야: 양서·파충류 분류·생태
- 직업: 국립생태원 책임연구원
- 연구 경력: 15년

- 즐겨 읽는 책: 양서·파충류 도감류, 멸종위기 야생생물 자료집, 『총·균·쇠』 등
- 즐겨 찾는 조사지: 전국 방방곡곡
- 주요 연구 물품: 휴대전화, 카메라, 뱀 집게, 뜰채, 장화, 무선 추적 장치 등
- 가장 좋아하는 생물 종: 구렁이*Elaphe schrenckii*

  → '보면서 정든다.'라는 말처럼 박사 학위 논문 연구 대상종으로 가장 많이 만난 뱀이다. 진정한 뱀 연구자가 되게 해 준 고마운 생물이다. 대부분 동의하지 않지만 길쭉하고 매끈한 몸매와 몸통의 비늘이 참 예쁘다.

내가 좋아하는 구렁이

산골 소년의 꿈

제 고향은 강원도 홍천군 내면이라는 곳입니다. 산골 오지 중에서도 오지였지만, 어디서든 야생생물을 쉽게 만날 수 있어 즐거웠습니다. 어린 시절 여름에는 집 주변 계곡과 하천에서 거의 매일 물고기를 잡으며 놀았고, 겨울이면 친구들과 얼음을 깨고 개구리를 잡기도 했습니다. 그 시절에는 생물학자가 무엇인지도 잘 몰랐고, 장래 희망으로 꿈꾸던 시기도 아니었습니다. 그렇지만 대학원에 진학한 이후, 양서·파충류 생태를 공부하면서 어린 시절의 경험들이 많은 도움이 되었습니다. 예를 들어 매년 봄이면 계곡과 하천을 찾아 번식하는 도롱뇽과 큰산개구리가 있는데, 어릴 적 자주 보았던 종들이라 해당 개체들을 찾을 수 있는 적절한 시기와 장소를 이미 알고 있어 야외 조사에서 큰 도움이 되었습니다.

저는 생물 선생님이 꿈이었습니다. 대학교도 사범대학 과학

교육과를 지원했고 졸업 후에는 선생님이 되기 위해 임용고시에 응시했습니다. 그러나 첫 임용고시에서 떨어졌고, 재수를 고민하던 시기에 선생님이 되어서도 생물학 박사가 되고 싶었기에 큰 고민 없이 대학원에 진학했습니다. 당시에는 석사 학위를 먼저 취득하고 다시 임용고시를 볼 생각이었죠.

대학원에서 양서·파충류 생태학을 전공하시는 지도교수님을 따라 석사 과정 동안 예전부터 쉽게 접했던 개구리와 뱀에 대해 본격적으로 공부할 수 있었습니다. 공부를 하면서 생물 선생님이 아니더라도 나의 적성에 맞는 또 다른 길이 있음을 알게 되었습니다. 무엇보다 도롱뇽, 개구리, 뱀 등을 조사하고 번식 생태, 생활사를 알기 위한 실험을 진행하면서 새로운 것을 알아가는 점이 무척 매력적이었습니다. 결국 생물학자가 된 가장 큰 계기와 인연은 어릴 적 생물과 함께했던 경험, 그리고 지도교수님을 만나 양서·파충류 연구를 시작하게 된 것입니다.

고리도롱뇽과 구렁이 생태를 연구하다

고리도롱뇽의 번식 생태를 주제로 석사 학위를 받았습니다. 고리도롱뇽은 현재 멸종위기 야생생물 II급 종으로 경상남도 일부 지역에 서식하는 도롱뇽류 중에 한 종입니다. 봄철 번식하는 고리도롱뇽을 대상으로 나이를 확인하고 서식하는 개체 수와 번식 생태 등을 연구하였습니다. 참고로 고리도롱뇽의 나이(연령)는 발가락 1~2㎜를 절단해 뼈 나이테를 관찰하여 확인합니다. 다행히 잘린 발가락은 2~3년이면 재생되기 때문에 개체의 생존과 생활에는 큰 무리가 없습니다. 뼈 나이테가 만들어지는 과정은 나무의 나이테가 형성되는 원리와 비슷합니다.

고리도롱뇽과 같이 우리나라에 서식하는 양서류는 변온동물로 겨울에는 동면하는 습성이 있습니다. 이런 습성으로 여름철 성장기와 겨울철 동면기의 신체 성장률에 차이가 있고 이것이 뼈의 성장에 기록되기 때문입니다. 뼈 나이테를 관찰하면 동면을 몇 번 했는지 알 수 있고 이를 통해 양서류의 나이를 알 수 있습니다. 연구 결과, 고리도롱뇽의 최대 수명은 11년이었고, 번식지에 모인 수컷 대다수는 3~5살, 암컷은 4~6살인 것을 알 수 있었습니다.

박사 학위 논문의 주제는 우리나라에 사는 가장 큰 뱀이면서 멸종위기 야생생물 Ⅱ급(당시 Ⅰ급) 종인 구렁이의 분류와 생태에 관한 내용이었습니다. 이전까지 구렁이는 두 개의 아종으로 구분하고 있었는데 외부 형태와 유전자 분석을 해 보니 아종으로 구분할 필요가 없었습니다. 구렁이라는 단일종이면서 사는 장소에 따라 매우 다양한 몸 색을 가진 것을 확인하였습니다. 또한, 무선 추적 장치를 이용해 구렁이의 이동과 행동권(서식지 면적)을 관찰하였습니다. 이미 다른 나라에서는 보아, 킹코브라, 아나콘다 등의 뱀을 대상으로 활발한 연구가 이루어졌는데, 우리나라에서는 제가 구렁이를 대상으로 연구한 것이 최초였습니다.

뱀은 주기적으로 허물을 벗고 구석진 틈을 헤집고 다니기 때문에 보통 무선 추적 발신기를 몸 안에 삽입합니다. 그런데 이는 외과적인 수술 기법이 필요해 쉽지 않은 작업입니다. 다행히 대학 내 야생동물구조센터 수의사님의 조언을 받아 해결할 수 있었고 발신기를 삽입한 구렁이를 방사하였습니다. 이후 이 구렁이가 야생에서 어떻게 생활하는지 2년간 지켜보았습니다. 연구 결과 구렁이는 동면을 마치고 활동을 시작하면 월평균 300~600m를 이동하고 1년 동안 0.2~0.8㎢의 행동권을 가지고 있었습니다.

지금은 국립생태원 멸종위기종복원센터에서 근무하고 있습니다. 우리나라 멸종위기 야생생물 보전을 위한 멸종 위기종의 복원, 서식지 보호 등 주요 보전 방안 등을 마련하고 이를 정책화하는 일을 담당합니다. 쉽게 설명하면 멸종위기 야생생물을 보호하기 위한 법이나 다양한 제도 등을 제안하거나 만드는 일을 한답니다.

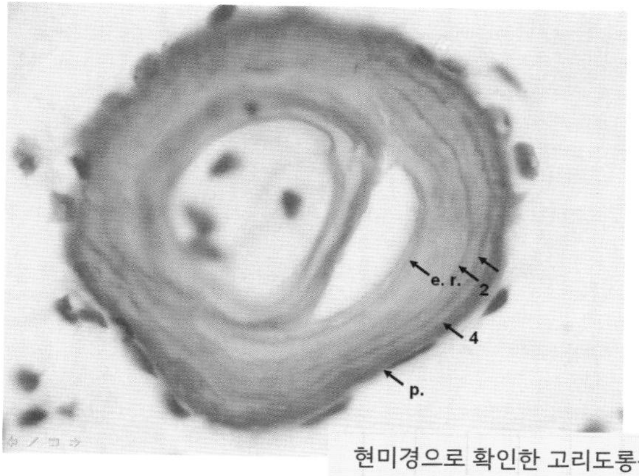

현미경으로 확인한 고리도롱뇽 뼈 나이테

구렁이 유전자 분석을 위한 혈액 채취

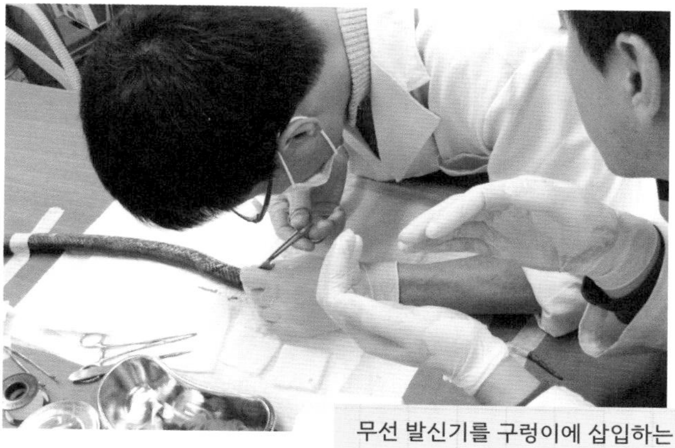
무선 발신기를 구렁이에 삽입하는 모습

땅꾼 잡는 연구자

박사 학위 연구를 하던 중, 재미있는 일이 있었습니다. 연구 주제는 우리나라 구렁이의 이동과 행동권 면적을 살펴보는 내용이었습니다. 구렁이의 이동을 확인하기 위해서 3마리의 몸 안에 발신기를 넣고 수신기로 신호를 찾아 위치를 찾는 방법을 이용했습니다. 그런데 연구를 시작한 지 얼마 되지 않아 일주일을 주기로 2마리의 신호가 잡히지 않는 것입니다. 보통 신호의 수신 거리가 1km 정도임을 고려해 보았을 때, 이런 경우 발신기의 배터리가 방전되거나 아니면 수신 거리를 벗어난 것으로 추정할 수 있습니다. 그런데 배터리 수명이 2년이고 당시는 연구를 시작한 지 3주밖에 지나지 않았기에 누군가에게 잡혔을 것이라는 생각이 들었습니다.

인근 국립공원사무소에 이 내용을 문의했습니다. 당시 국립공원 직원 중 한 분이 인근에 아직도 뱀을 잡는 건강원이 세 곳이 있는데 그곳이 의심스럽다고 하더군요. 그래서 그 세 건강원 근처에서 신호를 찾아보았고 그중 한 곳에서 발신기 신호가 잡혔습니다. 신호를 찾아 창고의 위치를 확인한 다음 국립공원사무소에 협조를 요청했지만, 국립공원 지역 밖이라 인근 파출소에 협조를 요청해야 한다는 답변을 받아 해당 파출소에 신고를 하고 멸종위기종 불법 포획에 대한 사항을 설명했습니다. 건강원

주인을 불러 경찰과 함께 들어간 내부에는 발신기를 삽입한 개체를 포함해 구렁이 20여 마리와 여러 종류의 뱀 250여 마리가 보관되어 있었습니다. 이후, 해당 파출소에서 관련 내용을 수사해 구렁이와 뱀들을 불법 포획한 지역 주민과 건강원 대표를 적발하게 되었습니다.

그곳에 가면 개구리와 뱀이 있다

제가 즐겨 찾는 조사 지역을 소개합니다. 멸종위기종 양서류를 쉽게 만날 수 있는 경기도 평택과 충청남도 아산입니다. 현재 멸종위기 양서류 4종 중에 고리도롱뇽을 제외한 수원청개구리, 금개구리, 맹꽁이 3종과 청개구리, 참개구리 등을 쉽게 볼 수 있습니다. 이 지역은 넓은 논이 많은데 봄부터 가을까지 논둑을 걸으면서 도랑과 논 안을 살펴보면 다양한 양서류를 만날 수 있습니다.

수원청개구리는 5~6월에 번식하는데 청개구리와 비슷한 모습이지만 울음소리가 달라서 어렵지 않게 구분할 수 있습니다. 수원청개구리와 청개구리의 소리는 인터넷에 많이 있어서 찾아서 들어 본 후 오후 4시 이후부터 해 질 무렵까지 논 주변에 가서 울음소리를 들으면 수원청개구리를 찾을 수 있답니다. 이 시기

멸종위기 야생생물 II급 맹꽁이

멸종위기 야생생물 II급 금개구리

양서류 현장 조사 모습

에 논 주변 도랑에서는 또 다른 멸종위기종인 금개구리도 만날 수 있습니다. 형태적으로 참개구리와 아주 비슷하지만, 등 쪽에 굵고 긴 줄이 2개가 있어서 3줄인 참개구리와 쉽게 구분할 수 있습니다. 양서류는 유생 시기를 물에서 보내고 변태한 이후에는 육지에서 생활하기 때문에 우리 주변의 논은 양서류의 생활에 있어 중요한 서식지입니다. 그러나 점차 논농사가 줄고 개발로 매립되면서 많은 종의 양서류가 멸종위기에 놓여 있습니다.

파충류 중에서 특히 뱀은 일부러 찾아볼 사람이 거의 없겠지만, 멸종위기종인 구렁이를 야생에서 보고 싶다면 경기도 포천에 있는 광릉수목원을 추천합니다. 이곳은 비무장지대, 민통선 지역을 제외하고 서울, 경기도 권역에 거의 유일하게 남아 있는 산림 지역으로 외부인의 출입이 통제된 곳이기 때문에 많은 수의 구렁이가 서식하고 있습니다. 구렁이는 독이 없는 뱀으로 먹이는 주로 쥐와 같은 설치류입니다. 이런 이유로 구렁이가 서식하고 있으면 먹이가 되는 쥐의 수가 적정하게 유지됩니다. 광릉수목원과 주변 산지는 외부인(일반인)의 출입이 제한되고 일부 사람만 출입하기 때문에 다양한 생물이 조화롭게 서식하고 있습니다. 그래서 파충류뿐 아니라 다양한 조류와 곤충 등도 만날 수 있습니다.

양서·파충류 연구에 필요한 것들

양서류와 파충류 연구는 다른 분류군에 비해 조사 장비가 다양하지는 않습니다. 복장은 산행 등에 적합한 등산복 차림이면 충분합니다. 양서류 조사를 위해서는 습지에 들어가는 경우가 많아서 발목 장화나 가슴 장화를 착용합니다. 파충류, 특히 뱀을 조사할 때는 안전을 위해 등산화와 스패츠 또는 장화를 착용하는 것은 필수입니다.

양서류 조사를 위한 장비로 유생 관찰을 위한 휴대용 확대경(루페)과 개체 수를 세기 위한 계수기(카운터기)를 이용합니다. 채집할 목적이 있다면 뜰채, 잠자리채를 이용하기도 하는데 제 경험상으로 맨손으로 잡는 것이 더 효과적입니다. 그 외 개체의 크기를 측정하기 위해 주로 버니어 캘리퍼스나 자를 이용하고, 생체 시료(조직, 발가락, 혈액 등) 채취를 위해서는 어류에서 흔히 사용하는 마취제(MS-222)를 이용합니다.

파충류 연구를 위한 장비 중에 거북류 조사에서는 쌍안경을 이용합니다. 자라, 남생이, 붉은귀거북과 같은 종들은 대부분 주간 조사를 진행하는데 이들은 눈치가 빨라서 가까운 곳까지 접근하기가 어렵습니다. 그래서 쌍안경으로 일정한 거리를 두고 대상 종을 관찰합니다. 뱀류를 조사할 때는 뱀 집게를 이용하고 도마뱀류는 잠자리채나 맨손으로 포획하기도 합니다.

양서류, 파충류의 행동이나 이동을 연구하기 위한 무선 추적 연구는 개체에 부착하는 발신기와 라디오 주파수를 수신하는 수신기가 필요합니다. 각각의 발신기에 고유한 주파수를 미리 설정해 제작하며 각각의 발신기 주파수를 수신기로 수신합니다. 수신한 주파수는 사람이 들을 수 있는 소리로 변환되며, 발신기와 수신기가 가까워질수록 소리의 강도가 증가하기 때문에 이를 이용해 멀리 떨어져 있는 대상 개체를 찾을 수 있습니다. 조류나 포유류는 덩치가 큰 경우가 많아서 발신기 안에 GPS 정보를 저장하거나 휴대전화 또는 인공위성을 통해 무선으로 전송하는 기기가 추가로 들어갈 수 있지만, 파충류나 양서류는 크기가 작아서 현재까지는 직접 그 위치를 찾아가 기록하는 방식을 쓰고 있습니다.

그 외 포획한 개체를 표시하거나 특별한 목적으로 각각의 개

멸종위기 야생생물 II급 구렁이

양서류 형태 측정 모습

체에 식별번호를 부여하기 위해서 마이크로칩을 사용하기도 합니다. 무선 개체 식별 장치PIT-tag로 불리는 이 장비는 폭 2~3㎜, 길이 5~10㎜인 막대형 마이크로칩을 양서류나 파충류의 피부 아래에 이식하고 판독기를 이용해 부여된 고유번호를 확인하는 방식입니다. 무선 개체 식별 장치는 비용이 다소 비싸지만, 대상 종의 건강을 해치지 않고 빠르게 개체 번호를 인식할 수 있는 장점이 있습니다.

양서·파충류 연구자의 조사·연구 용품

카메라와 렌즈: 생물 조사에서 가장 필요한 장비 중 하나로 화상 정보를 기록할 때 사용한다.

플래쉬: 야간 촬영을 위해서 필요하다.

쌍안경: 야외에서 생물 종을 구분하거나 서식 환경을 파악하는 데 사용한다.

헤드랜턴: 양서류는 야간 조사가 많아 랜턴은 필수 장비다.

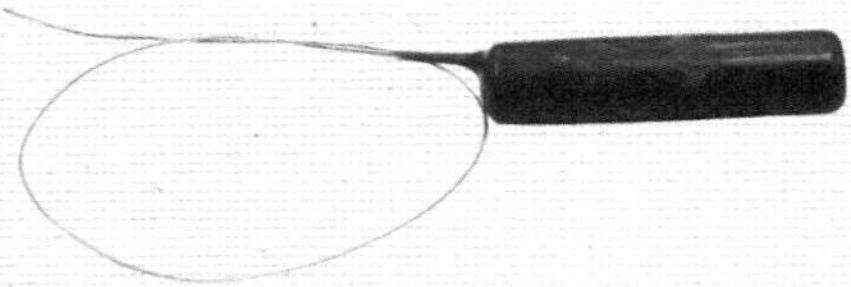

무선 발신기: 생물의 몸에 부착해 위치 추적에 이용한다.

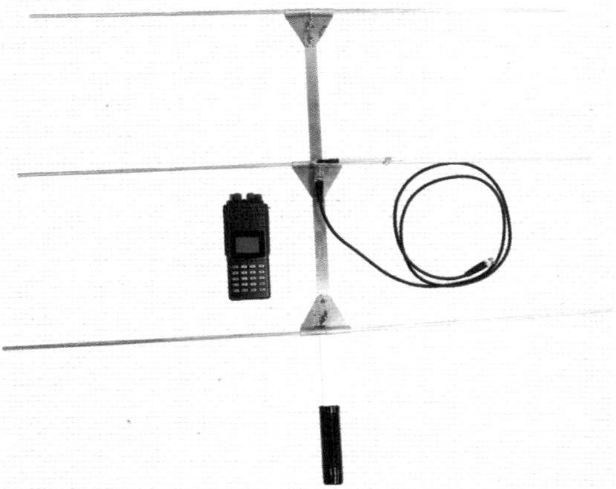

전파 수신기: 무선 발신기의 전파를 수신하여 생물의 위치를 파악한다.

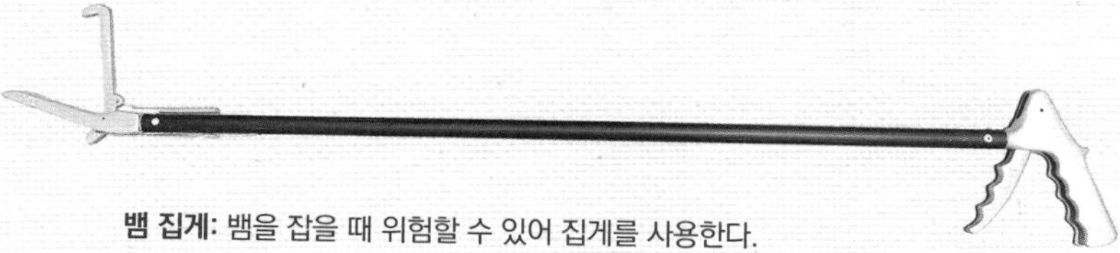

뱀 집게: 뱀을 잡을 때 위험할 수 있어 집게를 사용한다.

채집통: 포획하거나 채집된 생물을 보관하여 이동하는 데 사용한다.

가슴 장화: 양서류는 습지에 사는 경우가 많아서 가슴 장화는 필수이다.

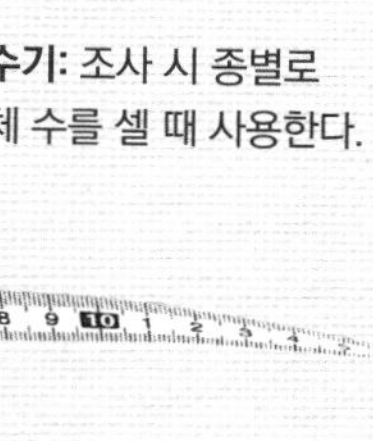

계수기: 조사 시 종별로 개체 수를 셀 때 사용한다.

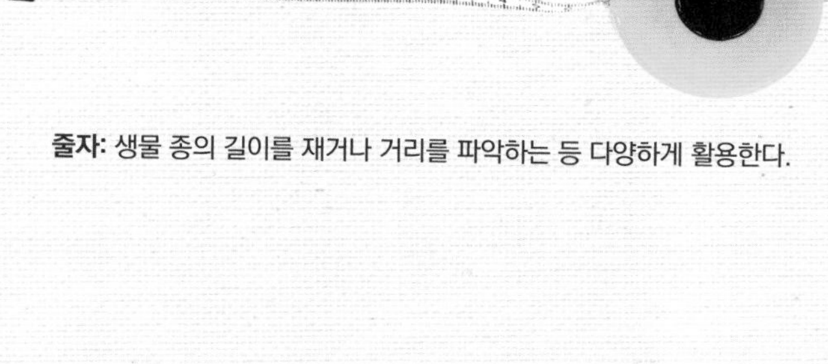

줄자: 생물 종의 길이를 재거나 거리를 파악하는 등 다양하게 활용한다.

야외 생물학자를 꿈꾸는 10대에게

어린 시절에 동물과 식물을 만난 경험은 이후에 생물학자가 되는 데 큰 영향을 미칩니다. 서울이나 대도시에 살고 있다면 가능한 많은 경험을 위해 산과 바다로 여행을 떠나거나 시골 친척 집이 있다면 자주 놀러 가는 것을 추천합니다. 더불어 산, 계곡, 하천, 바다, 갯벌 등 다양한 환경에 사는 생물을 관찰하고 기록하는 습관을 기른다면, 이미 생물학자가 될 자격은 충분합니다.

아직 하고 싶은 일이나 구체적인 직업, 진로 등이 정해지지 않아 고민이 많은 10대에게 어린 시절 다양한 경험은 성인이 되어서 어떠한 방식으로든 많은 도움이 될 것이라는 확신을 전해 드립니다.

생물 이야기

청개구리와 수원청개구리

엄마 말을 듣지 않는 청개구리 이야기를 들어 본 적이 있나요? 엄마 말과는 반대로만 하는 아들에게 '내가 죽으면 강가에 묻어 주렴.'이라고 생각과 반대로 유언을 남겼는데, 뒤늦게 잘못을 뉘우치고 유언 그대로 강가에 무덤을 만들었다는, 비가 내릴 때마다 강가 엄마의 무덤이 떠내려갈까 봐 슬프게 운다는 청개구리 이야기. 속을 썩이는 아이에게 흔히 청개구리 같다고 합니다. 부모님 말씀을 잘 들어야 한다는 교훈을 주기 위한 이야기이죠.

청개구리는 장마철에 매우 크게 우는 습성이 있습니다. 이런 습성을 보고 비 오는 날 너무 슬퍼서 목 놓아 우는 것같이 느꼈나 봅니다. 청개구리는 우리나라에서 가장 작은 개구리류입니다. 몸길이가 3~4㎝로 고작 손가락 두 마디 정도 크기입니다. 이와 달리 울음소리는 개구리류 중에서 제일 큽니다. 시골의 논 주변에서 우렁차게 들리는 개구리 소리의 주인공이 바로 청개구리랍니다.

청개구리는 작은 체구에 몸은 녹색을 띠고, 외모는 아주 깜찍하게 생겼지요. 이처럼 특징적인 모습을 하는 종임에도, 이와 형태적으로 구별할 수 없는 거의 똑같은 새로운 종을 1980년 우리나라 수원에서 일본인 학자가 발견하였습니다. 청개구리는 한반도 전역에 분포하고, 일본, 중국, 몽고, 러시아에도 서식합니다. 국제적으로 학자들끼리 통일해서 사용하기 위해 만든 학명은 드리오피테스 자포니카*Dryophytes japonica*입니다. 새롭게 발견된 종은 수원에서 처음 발견되어 '수원청개구리'라고 정해졌고, 학명으로도 드리오피테스 수원엔시스*Dryophytes suweonensis*라고 명명하게 되었습니다. 이 종은 전 세계에서도 첫 기록이기에 학계에 '신종'으로 보고되었고, 한반도에만 유일하게 서식하는 고유종이기도 합니다. 이후 추가 조사를 통해 수원뿐 아니라 인천, 경기도, 충청남도, 전라북도, 강원도에도 분포하는 것이 확인되었지요.

여기서 의문점이 생깁니다. 두 종이 형태적으로 구분할 수 없을 만큼 똑같이 생겼는데 어떻게 다른 종으로 분류하게 되었을까요? 첫째, 울음소리의 차이가 뚜렷합니다. 수원청개구리가 더 저음이고 금속성의 음을 내며, 울음소리의 간격이 짧습니다. 두 종의 소리를 미리 알고 들으면 누구나 구분할 수 있을 정도입니다. 둘째, 번식 시기가 다릅니다. 청개구리가 수원청개구리보다 번식 시기가 빠른 경향이 있지요. 셋째, 같은 종끼리 번식할 수 있어야 하는데, 두 종이 같은 지역에 살아도 자연 상태에서 번식하는 경우는 알려진 바가 없습니다. 처음에는 학자들 사이에서

수원청개구리(좌)와 청개구리(우)

논에서 울고 있는 수원청개구리

논란이 있었다고 합니다. 그러나 국내의 연구진에 의해 유전자 연구가 진행되었고, 두 종은 계통 분류학적으로 서로 다름이 확인되었습니다.

어느 하나 소중하지 않은 생물은 없겠지만, 한반도 고유종인 수원청개구리는 보호가 더욱 필요한 종임에 틀림없습니다. 서식하는 개체 수가 적고, 분포 지역도 제한적이며, 서식지의 변화에 민감한 종이라 더욱 관심을 가지고 지켜봐야 하겠습니다.

5

야외 생물학자 이야기

물속 또 다른 세상을 탐구하는,
갑각류 박사 정태원

생물학자 정보

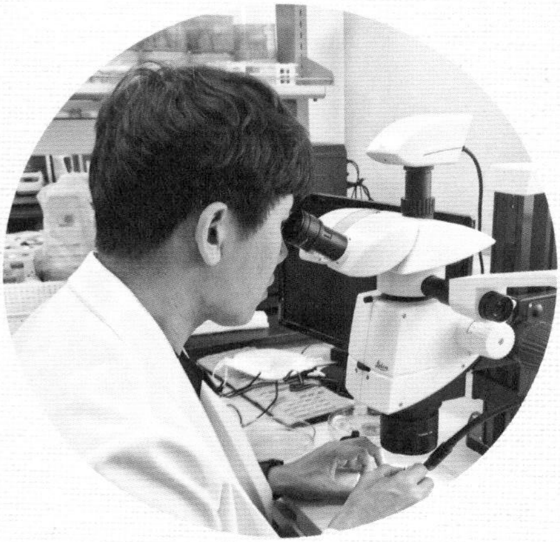

- 이름: 정태원
- 출신지: 광주광역시
- 최종 학위: 이학 박사
- 직업: 국립호남권생물자원관 선임연구원
- 주요 연구 분야: 해양 무척추동물 분류
- 연구 경력: 15년

- 즐겨 읽는 책: 『이것이 생물학이다』 등 생물 관련 기초 서적
- 즐겨 찾는 조사지: 스쿠버 다이빙을 할 수 있는 곳이라면 어디든지
- 주요 연구 물품: 스쿠버 다이빙 장비, 현미경
- 가장 좋아하는 생물 종: 세모손해조숨이옆새우*Protohyale triangulata*

→ 우리나라에서 최초로 발견해 처음 쓴 논문의 주인공이라 애착이 크다. 어떤 이름을 붙여 줄까 고민하다가 첫째 집게다리가 세모꼴이고 해조류에 숨어 살아서 '세모손해조숨이옆새우'라는 이름을 직접 붙였고, 그만큼 의미가 큰 생물 종이다.

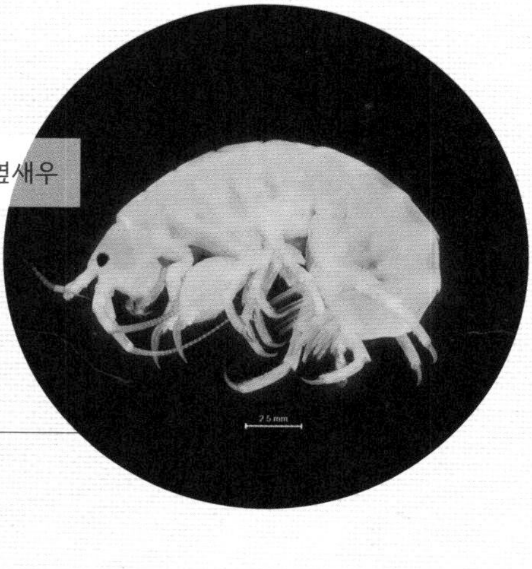

내가 좋아하는 세모손해조숨이옆새우

궁금증이 펼쳐 보인 새로운 세상

어릴 적부터 선생님이 되고 싶어서 사범대학에 진학했고, 특별히 생물에 관심이 있는 것은 아니었지만 왠지 모를 이끌림으로 생물학과를 선택했습니다. 매년 학과 선배들과 함께 행사처럼 동물 조사를 했습니다. 당연히 산이나 들로 가겠거니 생각했어요. 생물에 대한 지식이 많지 않아서 동물은 큰 짐승이나 새 이외에는 떠오르지 않았거든요. 막상 도착한 곳은 해안가였습니다. 충남 태안군에 있는 안면도 꽃지해수욕장이었습니다.

그곳에는 지금까지 알지 못했던 다양한 생물이 살고 있었습니다. 모래사장 안에 조개가 숨어 있고, 바위틈에선 고둥이, 작은 물웅덩이 속에는 게와 물고기까지, 해안가와 물속에 이런 생물들이 살고 있다는 것이 신기했습니다. 수업 시간에 동물은 바다에서 처음 생겨나 육지로 서식 범위를 넓혀 가면서 진화했다더니, 정말 육지보다 바다에 더 다양한 생물이 살고 있었어요. 그때

첫 야외 조사의 추억이 담긴 안면도 꽃지해수욕장 전경

부터였을까요? 물속 생물에 대한 궁금증이 커졌습니다. 물속 생물의 종류, 그들이 살아가는 방법, 모르는 것은 많고 알고 싶은 마음은 커져만 갔습니다. 이것을 계기로 동물분류 실험실에 들어가게 되었고 지도교수님과 상담하여 대학원 진학을 준비하게 되었습니다.

생물학자를 꿈꾸다

고등학교 시절 배운 생물은 단순한 암기 과목에 지나지 않았

대학 시절 즐겨 보던 관련 연구 서적

지만, 대학교에서 접한 생물학은 정말 흥미로웠습니다. 특히 생물들이 만들어진 진화 과정에 관심이 많았습니다. 단순한 호기심으로 시작한 생물 공부는 하면 할수록 궁금증이 커져서 대학 시절에는 도서관에서 생물 관련 책을 보는 데 시간을 많이 보냈습니다. 특히 물속 생물, 그중에서도 무척추동물 분류 연구가 가장 흥미로웠습니다.

무척추동물 분류를 전공하는 지도교수님을 만나 많은 궁금증을 해결하고, 모르는 것을 알아 가는 쾌감은 말로 설명하기 어려울 정도였습니다. 실험실에서 공부하는 동안 선생님이 되려는 목표는 어느새 사라져 버리고, 물속 생물에 관한 연구를 더 깊게 하고 싶다는 생각이 들었습니다. 공부하는 중에는 힘든 일도 많았지만 그 스트레스가 마냥 나쁜 것 같지만은 않습니다. 힘들면 힘들수록 지식이 더해지고 연구가 깊어진다는 것을 어느 순간 느껴졌거든요. 이런 기쁨은 다음 연구를 이어 갈 원동력이 되었습니다.

새우와 닮은 듯 다른 옆새우 연구

우리나라에는 지금까지 5만 6,248종(2021년 12월 기준)의 생물이 기록되어 있습니다. 그중에서 동물계에 포함된 생물은 3만 2,273종으로 약 57.4%를 차지하고 있어요. 가장 많은 동물은 곤충류로 1만 9,809종이 기록되어 있고, 그다음으로는 무척추동물이 1만 272종을 차지하고 있습니다. 사실 분류학적으로는 곤충류도 무척추동물의 절지동물문門에 포함되지만, 워낙 종류가 많고 형질도 달라서 편의상 구분하여 연구합니다.

갑각류(게, 바닷가재, 새우, 따개비 등)도 무척추동물의 절지동물문에 속하는데, 그중에서도 우리나라 바다에 사는 옆새우류에 관해 분류학적 연구를 집중하고 있습니다. 새우는 잘 알고 있지요? 옆새우는 이름이 비슷하지만, 자세히 보면 새우류와 다릅니다. 새

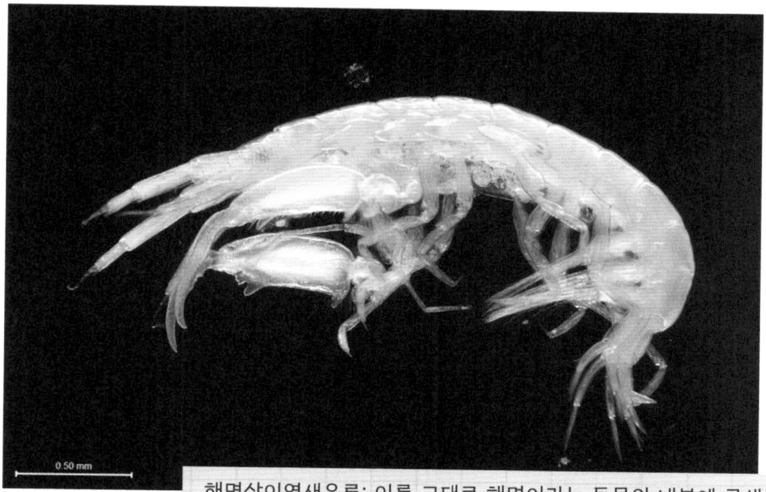

해면살이옆새우류: 이름 그대로 해면이라는 동물의 내부에 공생하는 옆새우류로 새우와 비슷하지만, 다리가 5쌍인 새우와 달리 7쌍이다. 실제 크기는 3mm 정도로 매우 작아 육안으로는 자세한 형태를 관찰하기 어렵다.

우류는 보통 가슴다리가 5쌍인데 옆새우류는 7쌍입니다. 겉모습이 새우와 비슷하고 옆으로 납작하게 누워 있는 것처럼 생겨서 붙여진 이름입니다.

이들을 연구하기 위해 야외에서 채집하여 해부하고, 현미경 관찰과 기록을 통해 분류합니다. 형태적으로 분류가 어려운 종은 유전자를 분석하기도 합니다. 옆새우는 종류가 많아서 전 세계에 2만여 종 이상이 알려져 있어요. 우리나라에서도 350여 종 이상이 보고되었습니다. 여러 선배 연구자들이 연구해 왔고, 저도 최근 10여 년 동안 70종을 최초로 발견하여 학회에 보고했습니다.

스쿠버 다이빙으로 만나는 물속 세상

대학원 시절 인천의 영종대교 아래에서 했던 갯벌 채집 조사가 기억납니다. 썰물 때 갯벌이 드러나면 장화를 신고 한참을 걸어 나갑니다. 질퍽거리는 갯벌을 걷는 것은 만만치가 않습니다. 채집 도구의 무게도 은근히 힘겨움을 더하지요. 그나마 여러 종류의 생물을 채집할 수 있어 다행이었습니다. 조사를 마치고 뭍으로 나오려고 일어섰는데 당황스러운 일이 생겼습니다. 갯벌에 물이 차서 주변이 모두 바다로 변해 있었어요. 지금 돌이켜 보면 갯벌의 물때에 대한 이해가 부족했습니다. 갯골에 갇혀 버렸어요. 물이 금방 들어온다는 것도 잊은 채 조사에 집중한 탓이겠지요. 고생하며 채집한 생물, 조사자의 생명과도 같은 채집 도구, 모두 소중한 것이었지만 챙길 수 있는 여유가 없었습니다. 모든 것을 버리고 후배들과 허우적거리며 사력을 다해 빠져나왔습니다. 자연의 무서움을 알게 되었고, 바다와 갯벌 조사에서는 무엇보다 안전이 우선이라는 것을 확실히 깨달았습니다.

오랫동안 갯벌을 조사했지만 하면 할수록 물속 생물에 대한 궁금증이 더욱 커졌습니다. 물가에서만 조사하는 것은 한계가 있었거든요. 수영도 못하면서 스쿠버 다이빙을 배우기 시작했습니다. 쉽지 않은 도전이었지요. 할 수 있을까 하는 불안 속에서 첫 스쿠버 다이빙을 했습니다. 하지만 걱정과 달리 금세 적응했

잠수하여 바닷속 생물을 조사하는 모습

습니다. 보고 싶었던 물속 생물을 가까이에서 만나게 되니 더할 나위 없이 행복해 다른 생각은 순식간에 사라졌거든요.

제주도 서귀포에서 다이빙하며 채집했던 기억이 특히 인상 깊었습니다. 지금까지 알려지지 않았던 새로운 옆새우류를 세계 최초로 발견했기 때문이죠. 그곳에서 채집한 표본으로 작성한 신종new species 및 신속new genus에 대한 논문이 저명한 국제 학술지에 실렸습니다. 게다가 이름 모를 여러 어류와 예쁜 색깔을 띠는 다양한 산호류를 만나는 즐거움은 다이빙 조사에서 덤이랍니다.

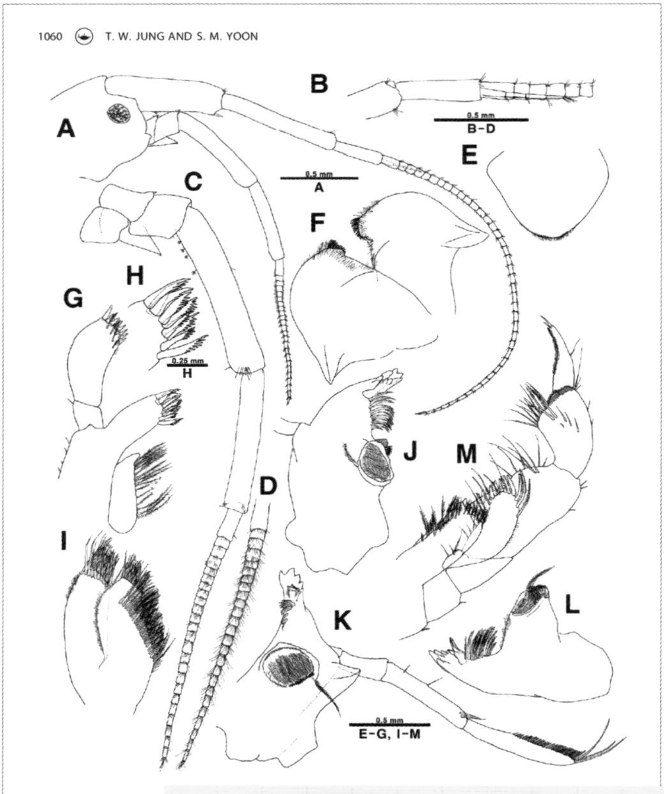

세계 최초로 발견하여 국제 학술지에 게재된 옆새우류의 모식도
(출처: Tae Won Jung & Seong Myeong Yoon (2016), “New records of Nuuanuidae(Crustacea: Amphipoda: Senticaudata) from Korean waters, with descriptions of one new genus and two new species,” *Journal of Natural History* 50:17-18, 1045-1072)

다이빙 조사에서 만난 바다 생물

집 떠나면 고생, 그 끝엔 낙이 있다

최근에는 스쿠버 다이빙이 가능한 지역 위주로 생물 조사를 합니다. 다만, 서해안은 바닷물이 너무 탁해서 시야 확보가 어렵고 위험한 경우가 많습니다. 도리어 먼바다는 시기만 잘 맞춘다면 안전하게 다이빙을 할 수 있어 다양한 생물을 조사할 수 있습니다. 특히, 우리나라 최서남단에 있는 가거도는 쾌속선으로도 4시간이나 걸리는 아주 먼 섬입니다. 그만큼 연안 지역과 다른 생물들이 살고 있어 흥미롭게 연구할 수 있습니다.

야외 조사를 위해 먼 곳으로 떠나는 경우가 태반이고, 오랜 시

땡별 아래에서 무척추동물을 채집하는 모습

간을 운전하거나 배를 타고 많은 시간을 보내기도 합니다. 물속 조사는 체력적으로 많은 부담이 되기도 하지요. 춥고 배고픈 경우도 많아서 '집 떠나면 고생이다.'라는 말이 딱 떠오릅니다. 대신 원하는 연구 결과물을 얻으면 '고생 끝에 낙이 온다.'라는 생각으로 금세 바뀐답니다. 더군다나 여행을 좋아하고 새로운 경험을 쌓는 게 즐거운 사람에게는 더할 나위 없이 좋은 일입니다. 힘든 일도 많지만 특별한 여행이라 생각하며 야외 조사를 떠나는 지금, 이 순간이 정말 행복합니다.

무척추동물 연구에 필요한 것들

무척추동물의 분류 연구에는 그다지 많은 장비가 필요하지 않습니다. 해안가에서 채집할 때는 장화와 칼, 생물 시료 보관 병 정도만 있으면 됩니다. 요즘에는 바닷속에 직접 들어가서 채집해 나오는 방법으로 표본을 모으고 있습니다. 이런 경우에는 고가의 다이빙 장비가 필요하지요. 다이빙을 위해서는 철저한 안전 교육도 필수입니다. 물론 다이빙뿐이 아닙니다. 대부분 바다나 해안가에서 조사하기 때문에, 늘 안전에 신경 써야 합니다. 특히 갯벌은 밀물 때 갑자기 바닷물이 들어와서 물때를 확인하지 않으면 위험한 경우가 많습니다.

야외 조사를 마치고 실험실에서 연구할 때는 현미경이 가장 중요합니다. 크기가 작은 생물을 연구하기 위해서는 광학현미경과 해부현미경이 필요하지요. 이러한 연구 장비는 개인이 직접 구입하기는 어렵지만, 생물학을 연구하는 곳이라면 필수적으로 준비되어 있으니 걱정할 필요가 없습니다.

무척추동물 분류 연구는 야외 조사가 많고, 작은 생물들을 현미경으로 오랫동안 관찰해야 합니다. 그래서 장비만큼이나 연구자의 마음가짐이 중요합니다. 모든 연구가 마찬가지지만 분류학 공부는 다른 학문보다 훨씬 끈기가 필요하지요. 현미경 앞에서 생물 표본과 함께 얼마나 많은 시간을 보냈는가가 연구 결과로 나타납니다. 오랜 시간 끈기를 가지고 관찰하다 보면 처음에는 잘 보이지 않던 분류 형질(어떤 생명체가 가진 모양이나 속성)들이 어느 날 갑자기 정확히 보이게 되는 신기한 경험을 하게 된답니다.

무척추동물 연구자의 조사·연구 용품

무척추동물 채집 도구: 바닷물이 빠지는 썰물 때 생물을 조사하기 위한 도구들이다. 갯벌에서는 주로 삽을 사용하여 펄을 파고, 바위로 된 암반 조간대에서는 끌, 칼, 망치 등을 이용해 부착 생물을 떼어 낸다. 그 밖에도 생물을 걸러 내는 채와 보관 병 등이 필요하다.

잠수 조사 용품: 바닷속 생물을 잠수하여 조사하기 위해 잠수복, 호흡기, 부력 조끼, 오리발, 수경 등 다양한 장비가 필요하다. 사진 촬영을 위해 방수 카메라도 사용한다.

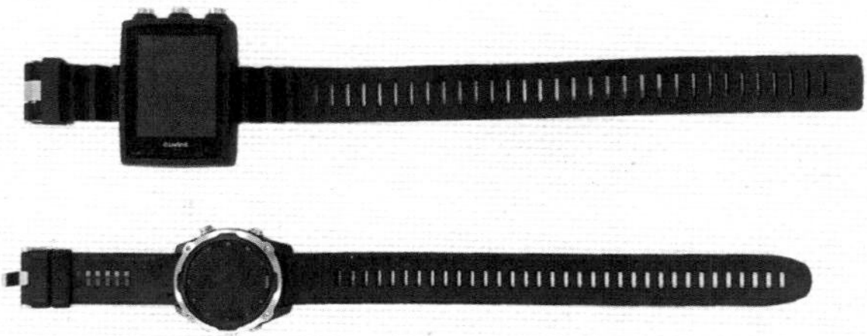

다이빙용 시계: 수심, 수온, 물속에서 머물 수 있는 시간 등 다양한 정보를 확인할 수 있으며, 잠수병 예방 등 안전을 위해 꼭 필요한 조사 물품이다.

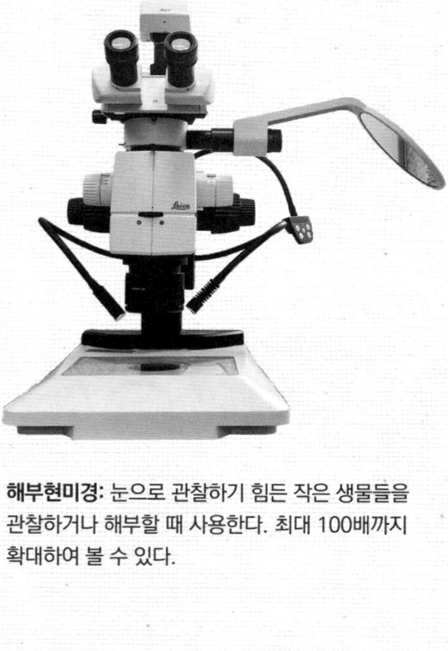

해부현미경: 눈으로 관찰하기 힘든 작은 생물들을 관찰하거나 해부할 때 사용한다. 최대 100배까지 확대하여 볼 수 있다.

광학현미경: 해부현미경보다 훨씬 더 작은 생물을 관찰할 수 있다. 약 1,000배까지 확대하여 볼 수 있다.

야외 생물학자를 꿈꾸는 10대에게

생물학 공부는 머리로만 하는 건 아니랍니다. 좋은 머리보다는 끈기와 체력, 그리고 무거운 엉덩이가 필요해요. 야외 조사는 무엇보다도 체력이 뒷받침되어야 하고, 채집한 생물을 현미경 앞에 앉아서 얼마나 많이 보고 시간을 보내는가가 중요하기 때문이지요.

생물학자에게는 경험만큼 중요한 게 없습니다. 야외와 실험실에서 얼마나 오랜 시간 많은 생물들과 함께했는지가 그 연구자의 실력이 됩니다. 생물에 관심이 많고 끈기만 있다면 이미 야외 생물학자의 기본 조건은 갖춘 셈입니다.

생물 이야기

지구 온난화와 무척추동물의 변화

따뜻해진 바다로 인해 생물들이 달라지고 있습니다. 지구 온난화는 다양한 생물에게 영향을 줍니다. 우리나라의 바닷속도 온도가 점차 오르면서 바닷속 생물이 변화를 겪고 있답니다. 생물이 진화해 가고, 생태계가 변하는 것은 어찌 보면 당연한 일입니다. 변화한다는 그 자체가 문제라기보다 인간의 간섭이나 영향에 의해 급격한 변화가 일어난다는 것이 문제입니다. 생물이 환경 생태계에 적응할 시간을 갖지 못한다는 것이죠. 무척추동물도 예외가 아닐 테지요.

우리나라에서 가장 남쪽에 위치한 제주도 서귀포에는 도자기 모양을 한 청자고둥이 흔합니다. 예전에는 우리나라에서 관찰하기 어려웠는데, 먼 남쪽 바다의 더운 지역에 살던 녀석들이 해류를 타고 이동해 온 것으로 추정됩니다. 기후 변화가 원인이겠죠. 참고로 청자고둥은 느릿느릿 바닷속을 기어 다니지만, 물고기처럼 빠른 먹이를 잡아먹기 위한 독침이 있습니다. 이 독은 정말 강해 사람에게도 영향을 줄 수 있습니다.

산호라는 이름을 모르는 이는 없을 테지요. 자연 다큐멘터리

청자고둥

에서 자주 등장하는데, 딱딱한 돌처럼 생긴 산호들 틈에서 물고기가 사는 모습들을 많이 봤을 거예요. 이와 달리, 우리나라에서는 물렁물렁한 연산호가 많이 관찰됩니다. 서귀포 문섬이란 곳의 바닷속에서는 정말 예쁜 모양을 한 연산호를 볼 수 있습니다. 문섬을 포함한 서귀포 일대의 연산호 군락지는 전 세계적으로 유명합니다. 이런 연산호 역시 기후 변화에 의한 수온 상승의 영향으로 군락의 크기가 많이 감소하고 있습니다.

바닷가 주변의 바위를 살펴보면 다양한 생물이 붙어사는 것을 볼 수 있습니다. 이들 중 따개비류는 굴이나 조개와 비슷한 생김새이지만 사실은 게와 같이 딱딱한 껍질을 가진 절지동물에 속

검은큰따개비

합니다. 검은큰따개비는 우리나라 남해안에서 흔하게 볼 수 있었는데, 최근에는 강원도 동해안 일대에서도 관찰되고 있습니다. 이 역시도 기후 변화의 영향으로 난류를 따라 분포지가 점차 북상하는 것으로 관련 연구자들은 추정합니다.

사람들에 의한 기후 변화는 이제 기후 위기라는 단어로 대체되고 있습니다. 이러한 현상을 막기 위해 다양한 노력을 기울이고 있지만 아직은 역부족인 게 현실이지요. 기후가 변화함에 따라 다양한 생물이 급격한 변화를 겪고 있는 문제를 해결하기 위해서는 생물상이 얼마나 빨리 바뀌고 있는지, 어떻게 바뀌고 있는지를 연구해야만 합니다. 또한, 모든 사람이 기후 위기의 심각성을 인식하고 생물다양성의 중요성을 함께 공감할 수 있도록 교육이나 홍보가 필요한 시점입니다.

6

야외 생물학자 이야기

혐오가 아닌 보석 같은 존재, 곤충 박사 노승진

생물학자 정보

- 이름: 노승진
- 출신지: 대전광역시
- 최종 학위: 이학 박사
- 주요 연구 분야: 곤충 분류
- 직업: 국립호남권생물자원관 선임연구원
- 연구 경력: 12년

- 즐겨 읽는 책: 『곤충연대기』, 『파리가 잡은 범인』, 국내외 곤충도감 등
- 즐겨 찾는 조사지: 집 주변 산책로, 공원 등
- 주요 연구 물품: 채집 도구(포충망, 야간 곤충 유인용 장비, 흡충관), 보관 도구(삼각지, 삼각통, 표본 보관통, 알코올병), 연구 장비(실체현미경, 광학현미경, 해부용 핀셋, 시계접시 등), 제작 도구(전시판, 전족판, 유산지, 곤충핀 등)
- 가장 좋아하는 생물 종: 은판나비 *Mimathyma schrenckii*

  → 곤충 연구를 시작한 후 야외에서 가장 처음으로 눈에 들어왔던 나비다. 반짝이는 은색 무늬가 너무 아름다워 지금까지도 최고의 곤충으로 기억 속에 남아 있다.

내가 좋아하는 은판나비

포충망으로 곤충 채집하는 야외 실습 장면

주머니나방과科 곤충의 모든 것

곤충은 그 종류만큼이나 연구하는 분야도 다양합니다. 저는 곤충 분류학을 연구했습니다. 간혹 원하는 결과가 나오지 않아 힘들기도 했지만, 값진 성과도 많습니다. 그중 가장 기억에 남는 일은 신종을 발견한 것입니다. 전 세계에서 알려지지 않은 종을 신종이라고 하는데, 곤충 9종을 지구상에서 처음 발견했습니다. 분류학자에게 새로운 종을 발견한다는 것은 말로 표현할 수 없는 큰 성취감을 주는 일입니다.

생물학자의 꿈을 갖고 살아 온 지난 10년 동안 가장 집중했던

세계 최초로 발견한 신종,
검은줄꼬마이끼주머니나방*Ceratosticha lineata*

국내 최초로 발견한
잔디주머니나방*Nipponopsyche fuscescens*

잔디에서 살아가는 잔디주머니나방 애벌레

연구 대상 종은 주머니나방과의 곤충입니다. 과거에는 도롱이벌레류라고 불렸고, 우리나라에 7종만 기록되어 있었습니다. 이후 제가 12종을 새롭게 발견하여 현재 주머니나방과는 19종이 기록되어 있습니다.

주머니나방 종류에 대한 몇 가지 재미있는 사실을 말해 볼게요. 이 곤충은 매우 독특한 생활 주기를 갖습니다. 알에서 깨어나 간단한 에너지원을 섭취하고 바로 집을 짓기 시작합니다. 몸이 자라는 크기에 맞춰 집을 보수해 안락한 서식 환경을 만들어 가며, 애벌레와 번데기 시기를 거쳐 어른벌레로 탈바꿈하는 곤충이랍니다. 종에 따라 다양한 건축 기술을 갖는 똑똑한 녀석이에요. 암컷과 수컷은 생김새가 다르고 암컷 대부분은 집에서 생활을 합니다. 집에 머무는 암컷은 수컷을 불러들여 짝짓기를 하고 다수의 알을 집 안에 낳습니다. 종에 따라서 3,000개 이상의 알을 낳는 엄청난 번식력을 보이기도 합니다. 번식력이 뛰어난 일부 종은 정원수, 가로수 등에 피해를 주는 해충으로도 알려져 있습니다.

저는 우리나라에 서식하는 주머니나방과를 대상으로 종별 분포 파악과 연구용 표본 확보를 위한 야외 조사, 생활 주기와 서식 특성 파악을 위한 사육 연구, 종을 밝히고 구분 짓는 분류 연구 등을 기본으로 수행했습니다. 또한, 곤충 다리 조직에서 유전 정보DNA를 추출하고 유전자를 선별하여 우리나라 종과 국외 종 간의 족보를 정리하는 계통 분석 연구와 화석 데이터를 접목한 출현 연대 측정 연구, 유전체 분석 연구 등 심화 연구도 함께 진행했습니다. 이러한 연구 과정을 통해 곤충 채집, 사육, 분류, 계통과 진화 등 다양한 곤충 연구 방법을 배워 유용하게 활용하고 있습니다.

최근 생물도 자원으로 인식되어 세계적으로 생물 자원 확보 경쟁이 심각한 상황입니다. 또한 무분별한 개발로 인해 지구가 몸살을 앓고 있으며, 기후 위기와 환경 변화 등의 문제가 강조되는 시점입니다. 이런 사회적 문제에 대응하기 위해 지구상에서 가장 생물다양성이 높은 곤충 자원 연구의 필요성도 높아지고 있습니다. 현재 저는 환경부 산하 기관인 국립호남권생물자원관에서 생물 자원 연구가 미진한 섬과 연안에 서식하는 곤충을 조사하고, 우리나라에 알려지지 않은 미지의 곤충을 밝혀내는 생물다양성 연구를 담당하고 있습니다.

곤충 분류를 연구하는 법

곤충 분류 연구는 야외 채집 조사, 표본 제작, 종 식별, 형태 및 분자학적 분류 연구 순으로 진행됩니다. 야외 채집은 연구 분류군에 따라 조사 시간이 다릅니다. 나비, 벌, 파리 등 낮에 볼 수 있는 곤충이 있고, 나방과 같이 달빛을 따라 어둠 속에서 움직이는 야간 조사가 필요한 곤충이 있기 때문입니다. 또한, 연구 대상 곤충을 만나기 위해서는 장소 선택도 아주 중요한 요소입니다. 조사 전 철저하게 문헌을 조사하여 연구 목표 분류군의 서식이 예상되는 장소를 선택해야 실패 확률을 줄일 수 있어요. 채집 결과물은 실험실로 가져와서 표본으로 제작합니다. 표본은 분류학적 특징 관찰이 편리한 형태로 제작하는 것이 가장 중요합니다. 물론 보기 좋게 만드는 것도 중요하겠지요. 제 연구 주제인 주머니나방과는 애벌레를 채집하여 사육 과정을 거쳐 성충을 확보한 후 연구용 표본으로 제작하게 됩니다.

확보된 연구용 표본은 생김새, 날개 무늬 등 눈으로 구분 가능한 특징으로 1차 구별 작업을 진행합니다. 이후 현미경으로 머리, 가슴, 생식기 등을 관찰하면서 해부하고, 사진 촬영 및 스케치 단계를 거치는데 이때 많은 시간이 소요됩니다. 형태, 구조, 특징을 구분 지어 종을 식별하고 분류학적 연구 결과를 정리하여 새로운 종이라면 논문으로 기록하게 됩니다. 최근에는 유전자DNA 서열을 이용한 분자 분류 연구도 활발하게 수행하고 있습니다. 분류 연구는 투자 시간과 노력에 비례하여 결과물이 나옵니다. 아직도 궁금증을 해소해야 하는 부분이 많아서 오늘도 실험실로 발걸음을 옮깁니다.

야간 조사 모습

곤충의 성장 과정을 연구하기 위한 애벌레 사육 모습

채집한 곤충의 현미경 관찰 모습

뜻이 있는 곳에 길이 있다

대학에서 곤충을 연구하던 중 해결하기 어려운 부분이 있었습니다. 우리나라에는 선행 연구 사례가 없었던 분야였지요. 고민을 해결하기 위해 지도교수님이 배울 수 있는 곳을 알아봐 주셨고 국외 전문가에게 여러 차례 메일을 보냈습니다. 정성이 통했을까요? 몇 달이 흐른 후, 세계적으로 저명한 일본 원로학자에게서 답장이 왔습니다. 현장 조사, 해부 구조 관찰, 종 식별·분류 방법 등에 대해 정리된 문서와 일본에 방문해서 배우고 가라는 내용이었습니다. 마음은 설렜지만, 항공료, 숙박비 등 경비에 대한 부담으로 망설이고 있을 때 지도교수님께서 흔쾌히 경비를 마련해 주어 일본으로 가게 되었습니다.

2014년 처음 방문하여 2주가량 연구 기초와 논문 작성법에 대한 교육을 받고, 이후 몇 달의 간격을 두고 재방문하여 부족한 부분을 추가로 배웠습니다. 말도 잘 통하지 않고 알지도 못하는 외국 학생에게 따뜻한 지도를 해 주신 일본 교수님은 너무 감사한 은인입니다. 누구나 일을 하다 보면 난관에 부딪힐 수 있습니다. 그때 혼자 끙끙 앓다가 포기하지 말고 주변에 먼저 다가가 도움을 요청해 보세요. 분명히 나아갈 길이 생길 것입니다.

곤충을 만나러 가는 길

곤충은 식물과 밀접한 관계가 있어서 주로 다양한 식물이 사는 숲을 조사하러 다닙니다. 곤충의 주된 먹이가 식물이기 때문이지요. 키 큰 나무가 즐비한 울창한 숲보다는 여러 종류의 식물이 어울려 사는 장소가 조사하기에 좋습니다. 집에서 가까운 곳에서도 얼마든지 곤충을 만날 수 있어요. 집 주변에 산이 있다면 산책길, 등산로에서도 많이 만날 수 있지요. 천천히 걷기도 하고 잠시 발걸음을 멈추고 산책길 주변 나무 또는 바위를 관찰해 보세요. 여유를 갖는 것은 선택이 아닌 필수라는 점 잊지 마세요. 천천히 발아래를 살피며 길을 걷다 보면, 곤충이 이렇게나 많이 살고 있다는 사실에 새삼 놀라게 될 것입니다.

또한 기후 차이와 계절에 따라 발견할 수 있는 곤충이 다양해 계절별로 전국을 여행할 마음의 준비가 필요해요. 집을 떠나 전국을 누비며 다양한 곤충을 만나면 몸은 힘들어도 보람되고 즐겁답니다. 곤충만을 보겠다는 계획을 세워 무리할 필요까지는 없습니다. 주말에 엄마, 아빠와 캠핑을 가거나 자연환경이 좋은 곳을 여행해도 충분히 다양한 곤충을 만날 수 있으니까요. 단, 자연은 아름답지만, 야외에는 위험 요소도 많으니 꼭 안전을 생각해 주길 바랍니다.

식물에 붙어 있는 곤충을 촬영하는 모습

힘듦을 마다하지 않겠다는 각오

분류학 연구는 과거 기록이 매우 중요합니다. 새로운 종을 밝히기 위해서는 최초로 기록된 관련 문헌을 찾아내야 합니다. 100년 이상 지난 문헌을 찾아 정리하는 일은 상상 이상으로 힘든 일입니다. 대부분 외국 문헌이기 때문에 외국어 능력은 필수지요. 그나마 영어라면 좀 낫겠지만 영어 외의 언어로 작성되었다면 관련 언어 전문가를 찾아 번역을 의뢰해야 하는 매우 난감한 상황에 빠지게 됩니다. 최근에는 글자 인식 프로그램과 온라인 번역 서비스가 발전하고 있어 조만간 이런 어려움도 쉽게 해결되지 않을까 기대해 봅니다.

또 다른 힘든 점은 크기가 작고 비슷하게 생긴 곤충이 너무 많다는 점입니다. 현미경으로 살펴보며 하나씩 구분하는 일은 정신과 육체에 많은 피로감을 줍니다. 연구 결과의 정리와 논문을 작성하는 일이 많아 컴퓨터 사용도 일상입니다. 곤충 연구를 처음 시작할 때는 없었던 안경이 어느샌가 제 눈 위에 얹혀 있고 목도 많이 굽어져 거북목이 되었네요. 오랫동안 연구를 이어 나가기 위해서는 건강이 중요합니다. 체력 관리도 틈틈이 해야 연구자로 오래 일할 수 있습니다.

곤충 연구에 필요한 것들

곤충 연구에는 곤충의 종 숫자만큼 필요한 장비도 다양합니다. 먼저 분류 연구에 필요한 곤충을 채집하는 장비를 소개해 볼게요. 채집 장비는 크게 3가지로 나눌 수 있습니다. 첫 번째는 곤충을 잡는 도구입니다. 자연에서 곤충은 다양한 서식 유형을 갖습니다. 하늘을 날거나 풀숲을 기어 다니는 친구는 포충망(잠자리채), 비행간섭 트랩 등이 있고, 나뭇잎과 나뭇가지에 붙어서 사는 친구는 털어잡기채와 흡충관을 쓰고, 밤에 달빛을 따라 움직이는 친구는 유아등 채집 장비를 사용합니다. 이외에도 다양한

흡충관으로 곤충을 채집하는 모습

서식 유형에 맞게 곤충 채집용 도구가 개발되어 있어 용도에 맞게 활용합니다.

누구나 한번은 접해 봤을 포충망은 곤충 특징에 따라 망 재질과 대 길이 등을 달리 사용합니다. 예를 들어 날개가 연약한 나비를 채집하는 망은 부드러운 재질을 사용하고, 거친 풀숲을 다니는 메뚜기나 노린재 등은 거친 재질을 이용합니다. 연구자에 따라 낚싯대와 뜰채 틀을 개조하여 사용하기도 해요. 잡는 도구에 대한 설명을 끝내기 전에 꼭 전하고 싶은 말이 있습니다. 생명에는 경중이 없어요. 작고 흔해 보이는 곤충이지만 목적 없는 무분별한 채집은 피해 주시기 바랍니다.

두 번째는 마취하는 도구입니다. 마취라는 단어가 다소 잔인해 보이죠. 곤충 분류 연구에 적합한 표본 제작을 위해서는 잡은 곤충을 손상 없이 실험실로 옮겨 오는 과정이 매우 중요합니다. 손상 없이 제작된 표본을 대상으로 형태 특징, 유전자DNA 서열 등을 분석하여 종 이름을 밝혀내는 연구를 진행합니다. 마취 도구는 마취제를 넣은 유리병을 이용하는데, 다 마신 음료수 병과 약국에서 파는 탈지면으로 만들 수 있어요. 최근에는 유전자 분석을 위해 마취 도구의 사용을 줄이고 채집 후에 바로 냉동하여 보관하는 방법을 주로 사용합니다.

세 번째는 담는 도구입니다. 곤충의 구조에 따라 다른데 날개가 연약하고 무늬 차이로 분류하는 나비는 부드러운 기름종이를 삼각 형태로 접은 도구(삼각지)에 담고, 등판이 딱딱한 딱정벌레, 노린재와 같은 곤충은 실험용 알코올이 든 액침병에 넣습니다. 마취 도구로 잡은 곤충은 집에서 반찬을 담을 때 사용하는 플라스틱 용기에 부드러운 티슈를 겹겹이 쌓고, 칸별로 곤충을 담아 실험실로 옮깁니다.

이렇게 잡고 마취해서 조심스레 담아 온 곤충은 표본으로 제작합니다. 곤충 특징에 따라 날개(전시) 또는 다리(전족)를 펴 고

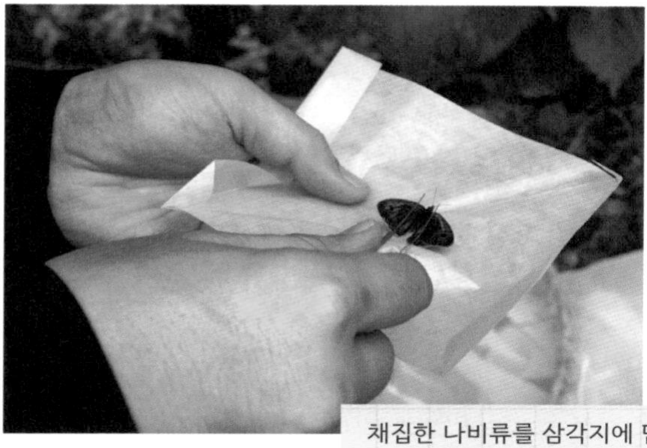
채집한 나비류를 삼각지에 담는 모습

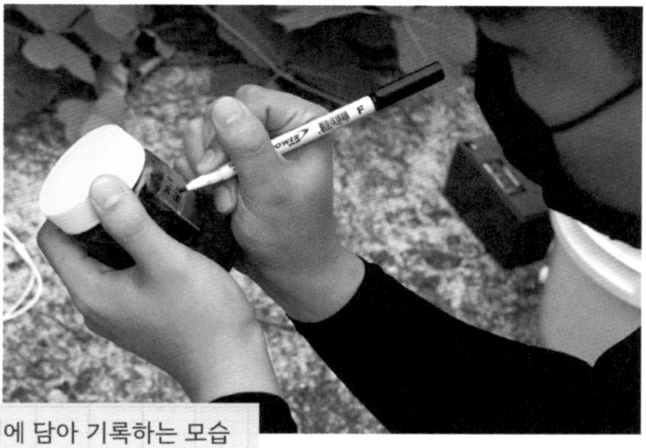
채집한 곤충을 액침병에 담아 기록하는 모습

정한 후에 약 3주간 자연건조를 합니다. 제작이 끝난 표본은 채집 장소, 종의 이름 등 정보가 담긴 라벨을 부착해서 현미경과 사진 촬영 장치를 이용해 형태 분류 연구를 진행합니다. 형태로 구분이 어렵다면 곤충 표본 조직을 일부 이용하여 유전자 분석을 통해 종 이름을 확정하기도 합니다. 곤충은 크기가 작지만, 연구에 필요한 장비는 상당히 많고 과정도 복잡해서 연구가 어려운 분류군이에요. 그래도 많은 시간과 어려운 과정을 거쳐 얻게 되는 연구 결과는 어떤 것보다 값지고, 보람됩니다.

곤충 연구자의 조사·연구 용품

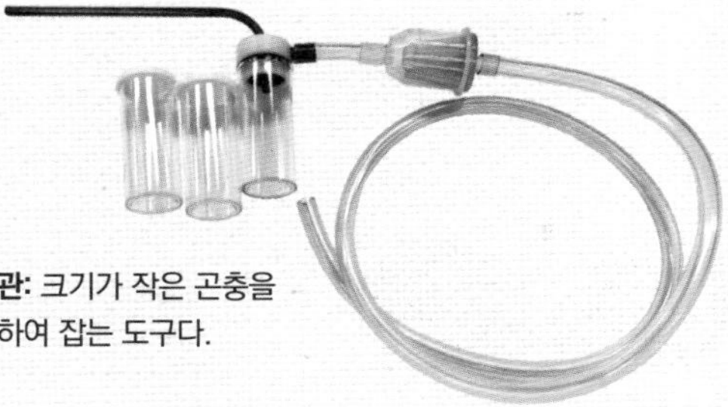

흡충관: 크기가 작은 곤충을 흡입하여 잡는 도구다.

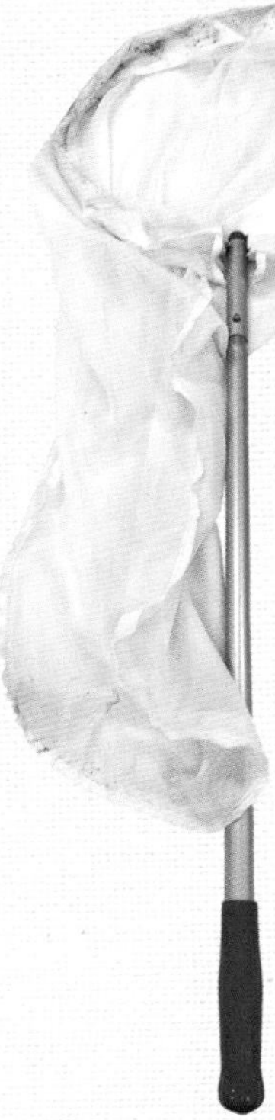

포충망: 흔히 잠자리채라고 부르며, 곤충을 잡을 때 사용한다.

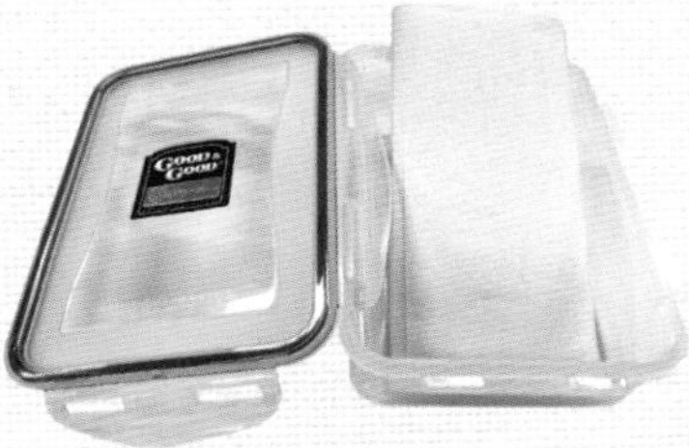

채집 샘플 보관통: 주로 나비목 곤충의 날개가 손상되지 않도록 보관용으로 사용한다.

삼각통과 삼각지: 날개가 큰 곤충의 날개가 손상되지 않도록 보관용으로 사용한다.

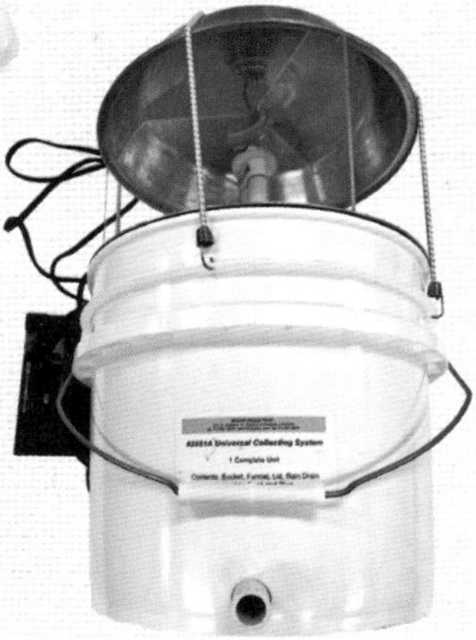

휴대용 야간 채집 장비(버킷트랩): 자외선 전등이 부착되어 야행성 곤충을 잡기 위해 사용한다.

카메라와 접사렌즈: 곤충 촬영에 필수적이며, 주로 접사렌즈를 사용한다.

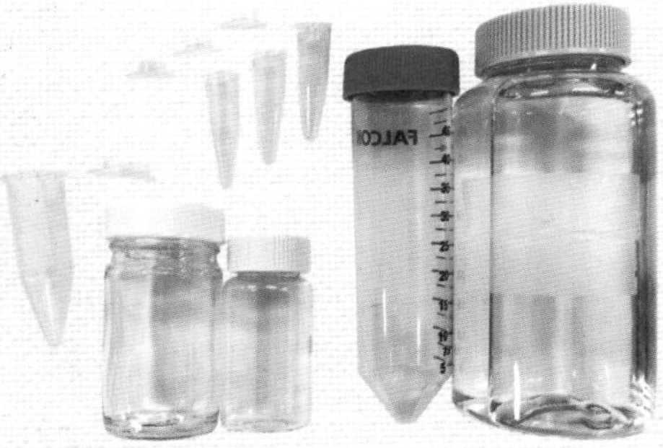

곤충 채집병: 다양한 종류의 곤충을 담아 보관한다.

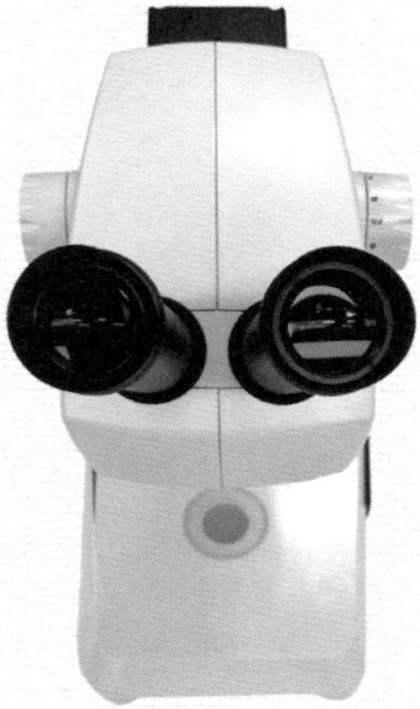

관찰용 현미경: 채집한 곤충의
외부 형태 관찰을 위해 사용한다.

표본 제작 도구: 곤충을 고정하여 표본을 제작하는 도구이다.

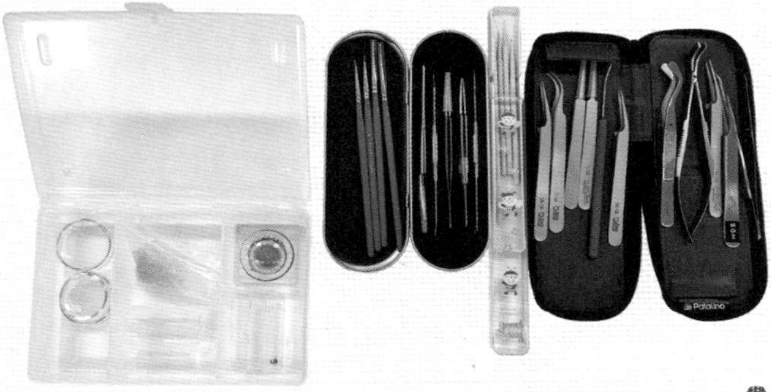

해부 도구: 곤충의 생식기 관찰
및 해부 등을 위해 사용하는
도구이다.

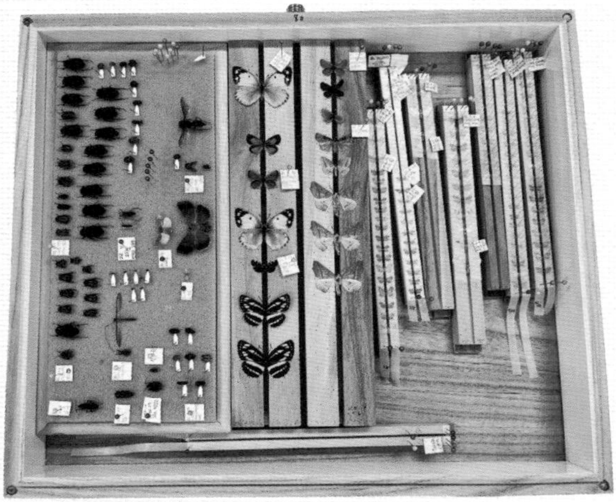

표본 상자: 완성된 표본을 담아
수장고에 보관한다.

야외 생물학자를 꿈꾸는 10대에게

주변 사람과 웃고 어울리세요. 생물과 친해지려면 사람과 어울리고 즐기는 것도 중요하답니다. 메모지 또는 수첩과 펜을 항상 가지고 다니세요. 생물학자는 기록이 생명입니다. 스마트폰이나 태블릿 등을 이용할 수도 있지만, 자연에서 생물을 접할 때는 역시 아날로그 감성이죠. 늘 생명의 소중함을 잊지 마세요. 생물을 사랑하는 마음이 연구를 더 깊이 있게 만듭니다.

연구와 관련 없는 것 같지만 정리 정돈을 생활화하는 것도 중요합니다. 책상, 옷장, 컴퓨터 파일 등을 구분 지어 정리하는 습관을 길러 보세요. 정리 정돈에 통달한 여러분은 이미 생물분류학자 입문 과정을 통과한 것입니다.

계절을 느껴 보세요. 사계절의 흐름에 맞춰 생물을 바라보면 시야가 넓어진답니다. 여행 계획이 있으면 일정을 직접 만들어 보세요. 생물학자가 돼서 전 세계를 누빌 때 큰 도움이 될 겁니다.

꿈이 있는 여러분과 함께 연구하는 날이 오길 기대해 봅니다.

꿀벌 실종 사건과 경고

꿀벌은 우리에게 달콤한 꿀을 제공해 주는 사랑스러운 존재입니다. 그뿐이 아닙니다. 꽃과 꽃 사이를 분주하게 돌아다니며 꽃가루를 옮기고 다닙니다. 이러한 곤충을 '매개 곤충'이라고 해요. 식물의 수정에 절대적인 도움을 주는 생태계에 꼭 필요한 존재지요.

최근에 언론을 통해 꿀벌 이야기가 많이 보도되고 있습니다. 꿀벌이 사라지고 있어요. 우리의 동반자 꿀벌에게 무슨 일이 벌어지고 있는 걸까요? 2006년 미국에서 꿀벌이 대량으로 실종되는 현상을 처음으로 보고하였습니다. 미국 펜실베니아주의 양봉업자에 의해 알려진 이 실종 사건은 발생한 지 불과 1~2년 만에 미국 내 35%가량의 꿀벌이 사라지는 대규모 실종 사건으로 번졌다고 합니다. 이 사건을 줄여서 CCDColony Collapse Disorder로 명명하였고, 우리말로는 '군집 붕괴 현상'이라고 표현합니다. 이후 문제 해결을 위해 많은 과학자가 연구에 매진하였지만, 여러 가설만 남기고 여전히 원인을 밝혀내지 못한 상태로 남아 있습니다.

최근 우리나라에서도 꿀벌이 집단으로 사라지는 사건이 발생했습니다. 많은 언론에서 경쟁적으로 이 사건을 다루었습니다. 수십 년간 직업으로 벌을 키우는 분들에게도 매우 이례적인 일이라고 합니다.

세계 곳곳에서 꿀벌이 자취를 감추는데 과연 원인은 무엇일까요? 이 사건을 두고 일부에서는 기후 위기와 연결 짓는 의견도 있습니다. 최근 기후가 변화를 넘어 위기에 직면해 있다고 여러 분야의 전문가들이 주장하고 있습니다. 꿀벌 집단은 어쩌면 2006년 전부터 기후 위기에 노출되어 우리 인간보다 먼저 체험하고 있던 것은 아닐까요?

꿀벌에게 가장 중요한 영양분은 꿀입니다. 이 영양분은 꽃에서 나오지요. 기후가 변하면서 꽃이 일찍 피게 되고 시기를 맞추지 못한 꿀벌이 제대로 꿀을 먹지 못하게 되어 사라졌다는 해석을 하기도 합니다. 만약 인간에게 이런 대단위 실종 사건이 일어난다면 어떨까요? 그 시점에 기후 위기 문제를 심각하게 고민한다 한들 이미 늦은 상황일 테지요.

촘촘한 사슬로 연결된 생태계 내에서 꿀벌이 사라진다면 어떤 일이 생길까요? 꿀 1kg을 만들기 위해 꿀벌은 수백만 송이의 꽃을 돌아다닌다고 합니다. 그 많은 꽃을 돌아다니며 수많은 꽃가루를 옮겨 주는 것이죠. 이를 통해 식물이 자랄 수 있습니다. 한편 꿀벌이 사라져 이런 역할을 할 수 없다면 수많은 식물이 멸종

꽃 위에 앉아 있는 꿀벌

할 수 있습니다. 유엔UN 식량농업기구FAO에 의하면 인간이 먹는 농작물 가운데 70%가 꿀벌의 도움을 받는다고 하니까요. 유엔도 벌의 중요성을 강조하기 위해 5월 20일을 '세계 벌의 날'로 정하고 있습니다.

이처럼 꿀벌의 개체 수 감소는 단순히 생물 한 종만 사라지는 것을 의미하지 않습니다. 생태계의 연결고리가 끊어져 우리에게 엄청난 재앙으로 다가올 수 있다는 것을 명심해야 합니다.

7

야외 생물학자 이야기

걸어 다니는 식물도감,
식물 박사 김진석

생물학자 정보

- 이름: 김진석
- 출신지: 경상남도 창녕군
- 최종 학위: 이학 박사
- 주요 연구 분야: 식물 분류·생태
- 직업: 한반도식물다양성연구소 대표
- 연구 경력: 23년

- 즐겨 읽는 책: 『일본의 야생식물』, 『대한식물도감』, 『한국의 제4기 환경』 등
- 즐겨 찾는 조사지: 강원도 고성군 송지호, 전라남도 홍도, 경기도 포천시 한탄강 등
- 주요 연구 물품: 카메라, 휴대용 확대경, 식물도감, 야책 세트 등
- 가장 좋아하는 생물 종: 들메나무*Fraxinus mandshurica*

→ 하늘을 바라보며 곧고 바르게 자라는 25~30m 정도의 키가 큰 나무다. 어떠한 환경에서도 곧게 자라는 모습이 보기 좋다. 웅장하고 시원스러운 그 모습을 바라보면 왠지 웃음이 난다.

내가 좋아하는 들메나무

시골의 생생한 맛

이유는 잘 기억이 나지 않지만, 초등학교 입학 때부터 줄곧 생물학자가 꿈이었습니다. '장래 희망이 뭐예요?'라는 선생님의 질문에 친구들의 답은 대부분은 대통령, 군인, 경찰, 선생님이었습니다. 60명이 넘는 학생 중 혼자서만 생물학자라고 대답했지요. 사실 동물 쪽에 더 관심이 많았지만 지금 식물학자가 되었으니 어쨌든 생물학자라는 어릴 적 꿈을 이루었네요.

초등학교 5학년, 여름방학 숙제로 생물 채집이 있었습니다. 어린 시절에는 식물보다 동물, 특히 곤충을 좋아해 방학 숙제로 곤충 채집을 하였습니다. 지금은 도시화로 고층 아파트가 들어선 곳이지만 제가 자주 채집을 나간 장소는 대구광역시 외곽의 탱자나무가 많은 작은 시골 마을이었습니다. 당시 그 마을로 가는 길에는 넓은 논과 밭이 펼쳐져 있었고, 붕어 낚시꾼이 많았던 도원지(당시에는 '호박못'으로 불렀음)라는 꽤 큰 저수지가 있었습니

마을 주변과 하천가에서 주로 자라는 쥐방울덩굴

다. 마을 인근의 나지막한 산에는 참나무가 숲을 이루고 있었습니다. 상수리나무 줄기에는 사슴벌레와 풍뎅이류가 옹기종기 모여 흘러나오는 수액을 빨고 있고, 그 마을 주변에 긴꼬리명주나비와 제비나비가 탱자나무 주변으로 날아다니는 장면은 아직도 생생하게 기억납니다. 최근에는 긴꼬리명주나비의 군무를 본 적이 없습니다. 그 많던 녀석들은 어디로 갔을까요? 이들이 알을 낳고, 애벌레의 먹이가 되는 쥐방울덩굴은 마을 주변과 하천가에 주로 사는데, 최근 20~30년간 도시뿐 아니라 농촌 지역도 마을과 하천 정비를 하면서 이들의 서식지가 크게 훼손되었습니다. 먹이가 부족해진 긴꼬리명주나비도 덩달아 개체 수가 줄어든 것이겠지요.

어릴 적에는 식물을 그다지 좋아하지 않았지만 먹을 수 있는 식물과 생활에 활용했던 식물은 어느 정도 구분할 수 있었던 것 같습니다. 여름방학 때마다 시골 이모 댁이나 작은할머니 댁에서 한 달 정도를 보냈습니다. 당시 시골에는 사촌 형들과 제 또래 친구들이 있어서 물고기나 가재를 잡으며 놀기도 하고 이모네 농사일도 도우며, 소에게 풀을 먹이기 위해 산에 데리고 갔던 기억이 납니다.

시골에는 과자를 파는 가게가 아주 멀리 있어 도저히 걸어갈 수가 없었습니다. 그래서 간식으로 식물 열매나 뿌리 같은 것들을 먹거나 때로는 감자를 삶아 먹고, 양파에 소금을 약간 뿌려 생

보리수나무 열매

으로 먹는 게 다였죠. 가을에는 특히 맛있는 것이 많았어요. 사촌 형이 캐 준 칡뿌리를 잘게 찢어서 씹으면 풍선껌보다 더 단맛이 느껴졌답니다. 바위가 많은 곳에서 무리 지어 자라는 개암나무의 열매는 참 고소했고, 무덤 주변 햇볕 좋은 곳에서 자라는 보리수나무 열매의 달콤새콤한 맛은 아직도 생생합니다.

좌절을 딛고 다시 꿈꾸다

오로지 생물학과 진학을 목표로 열심히 공부했으나, 원하는 성적을 얻지 못해 목표한 대학의 생물학과 진학이 좌절되었습니다. 성적에 맞추어 임학과에 진학했지요. 나무를 키우는 일도 적성에 맞을지 모르겠다고 생각했던 것 같습니다. 다행히 적성에 잘 맞아 즐겁게 공부할 수 있었습니다.

임학과 관련해서는 여러 직업이 있습니다. 그중에서 임업직 공무원을 목표로 공부를 시작했어요. 현실에 맞추어 직업을 고르다 보니 생물학자의 꿈은 버리게 된 것이지요. 군대를 다녀온 후 그 목표는 더 확고해졌습니다. 공부해야 하는 기간도 길고 미래 전망도 그다지 좋아 보이지 않았던 생물학자 대신 졸업과 동시에 취업하는 것을 목표로 학원과 도서관에서 공무원 시험을 준비하였습니다. 그러던 중 불현듯 저에게 인생의 전환점이 찾아왔습니다.

어느 날 수목 분류학 수업을 같이 듣던 선배가 현장 강의에서 교수님이 물어보는 모든 식물의 이름을 정확히 말하는 것이었습니다. 그야말로 감동이었고 가슴이 뛰었습니다. 왜 그렇게 멋져 보였는지요. 바로 그 선배를 찾아가 이것저것 물어보며 진로 상담을 하였습니다. 식물분류학을 공부하면 취직이 잘 되는지, 어떻게 공부하면 되는지 등 시시콜콜한 저의 질문에 선배는 하나하나 친절하게 대답해 주며 생물학과 대학원 진학을 추천했습니다. 그때가 대학 2학년 때였습니다.

식물학자가 되어서 쉽게 공부할 수 있는 식물도감을 만들어 보겠다는 꿈을 품고 바로 카메라와 식물도감을 사서 식물 공부

우리 동네 주변 화단에서 관찰한 호제비꽃

를 시작했습니다. 다음 해인 3학년 때에는 교내에 분포하는 식물을 위주로 1년간 공부하였습니다. 교내에서 1년간 관찰한 식물이 555종이나 되었습니다. 우리 주변에는 생각보다 많은 종류의 식물이 살고 있습니다. 그리고 4학년 때는 대구 팔공산, 비슬산 등 근교의 산지로 나아가 식물을 공부했습니다. 식물을 찾아다니는 곳이 멀어지면 멀어질수록 식물학자로 가는 저의 길이 차츰 가까워지는 것을 느꼈습니다. 식물 공부를 시작한 지 2년이 지나 대학을 졸업할 때쯤에는, 1,200여 종의 식물을 구분할 수 있게 되었고, 이는 대학원에 진학해서 보다 깊은 연구를 하는 데 훌륭한 밑거름이 되었습니다.

너는 왜 여기에 살고 있니?

저의 별명 중 하나는 '걸어 다니는 식물도감'입니다. 우리나라 산야에 자라는 식물들의 이름을 거의 다 외우고 있고 어떤 특징이 있으며 어디에 분포하고 어디에서 자라는지를 잘 알고 있기 때문입니다. 이 별명은 왠지 부끄럽기도 하고, 더 열심히 연구하도록 하는 채찍이 되기도 합니다. 전국을 다니며 20년 이상 식물을 공부했지만, 아직 모르는 부분이 많습니다. 이 식물이 다른 곳에는 살지 않고 왜 이곳에서 사는가? 종이란 과연 무엇인가? 어떻게 종을 나누어야 할 것인가? 이처럼 단순한 것 같으면서도 심오한 질문에 대해 아직도 명확한 답을 찾지 못하고 있습니다.

제가 가장 관심 있는 연구는 '왜 이 식물이 여기에 살고 있는가?'라는 질문에 답을 찾는 것입니다. 학문적으로 식물지리학이라 불립니다. 식물은 동물과 달리 고착 생활을 해서 기후나 토양의 특성 변화에 따라 생사를 달리합니다. 지구의 환경은 끊임없이 변화해 왔고 식물은 환경 변화에 연동하여 자신이 살 수 있는 곳을 찾아 이동하거나 환경에 적응하여 진화를 해 왔습니다. 환경 변화의 속도에 맞게 이동하지 못하거나 환경에 적합한 형태나 생태를 가진 종으로 진화하지 못한 식물들은 멸종하여 더 이상 볼 수 없게 되는 것입니다.

현재의 식물 분포는 과거의 기후 변화와 미래의 식물 분포 변화에 대해 많은 것을 알려줍니다. 과거의 기후 변화 흔적들이 식물의 분포에 반영되어 있고, 미래의 식물 분포는 현재를 기반으로 변화하기 때문입니다. 현재의 식물 분포 정보가 빈약하면 오류가 생길 우려도 있습니다. 전국을 다니며 과거 기후의 흔적이 되는 식물을 조사하고 현재 식물들이 최근 지구 온난화에 반응하여 어떻게 분포가 변화하고 있는지를 관찰하는 것이 저의 가장 큰 관심사입니다.

과거와 미래를 잇는 식물

식물 연구의 기본은 어떤 지역의 식물상을 확인하고 밝혀내는 것입니다. 식물상 조사는 어떤 범위의 지역에 분포하는 식물의 종 목록을 만들고 종 조성의 특징을 밝히는 연구입니다. 대개 하나의 산 또는 강, 습지, 도서 단위로 조사하지만, 범위가 넓은 경우는 광역자치단체(예를 들면 경기도의 식물상 등) 또는 국토 전체(한국의 식물상)가 조사의 대상이 될 수도 있습니다. 최근에는 전남 완도와 충북 각호산의 식물상 조사를 수행하고 있습니다. 특히 각호산은 백두대간에 있는 해발고도 1,176m의 높은 산인데, 해발고도가 100m 상승할 때마다 식물의 구성이 어떻게 바뀌는지를 연구하고 있습니다.

한라산에 서식하는 암매

설악산에 서식하는 바람꽃

또한, 식물지리학 연구에 집중하고 있습니다. 식물은 과거의 기후에 반응하여 이동과 소멸을 반복하기 때문에, 과거에 살았던 식물들의 흔적을 많은 곳에서 확인할 수 있습니다. 과거에 분포했던 식물이 많이 잔존되어 있는 곳을 '피난처'라고 하기도 합니다. 식물의 대표적인 피난처로는 한라산 백록담 주변과 같은 아고산 지대의 정상부나 능선부를 들 수 있습니다. 아주 오래전 최후 빙하기에 한반도 저지대에 분포했던 북방계 식물이 기후가 온난해지면서 해발고도가 높은 곳으로 수직 이동하여 높은 산지의 정상부에 고립되는 경우가 많습니다. 한라산의 암매, 설악산의 바람꽃, 소백산의 솜다리 등 추운 곳을 선호하는 식물들이 그 예입니다.

이러한 식물은 과거 한때 한반도가 자신들이 살기 좋을 만큼 추운 곳이었다는 것을 말하고 있습니다. 우리나라에는 그 외에 다양한 피난처가 있습니다. 여름철 차가운 바람이 뿜어져 나오는 얼음골, 시멘트의 재료가 되는 석회석이 넓게 분포하는 석회암지대, 강원도 동해안에 분포하는 석호 등입니다. 식물지리학은 특정 식물의 분포 또는 특정 지역의 식물 종 조성에 대한 특징을 분석하여, 그러한 분포와 종 조성을 보이는 이유가 무엇인지를 찾아내는 학문입니다. 식물의 분포를 통해 과거의 기후 환경을 유추할 수 있고, 미래의 분포 변화를 예측할 수도 있습니다.

강원도 영월군 석회암 지대 전경

'걸어 다니는 식물도감'이 만드는 식물도감

앞에서 소개한 연구를 통해 나온 결과물로 식물도감 편찬에 온 힘을 쏟고 있습니다. 식물 연구자와 식물에 관심이 많은 이에게 정확한 식물의 정보를 알려 주고 싶기 때문입니다. 과거부터 식물도감은 여러 학자의 기준에 따라 만들어져 왔고, 현재도 다양한 사람들에 의해 목적이 다른 식물도감이 제작되고 있습니다. 식물도감은 일반적으로 특정 범위에 분포하는 식물을 과학적인 분류 체계에 따라 정리하고, 식물별 특징을 글과 사진, 그림 등으로 설명하는 책입니다. 용도에 따라서 식물도감이 만들어지기도 합니다. 약용식물도감, 조경수도감 등이 그 예입니다.

제가 처음 참여하여 만든 식물도감은 『울릉군 원색 식물도감』입니다. 도감 발간을 위해 2001년 한 해 동안 8번이나 울릉도에 들어가서 구석구석 다니며 식물을 관찰하고 사진도 확보하였습니다. 그리고 2011년 『한국의 나무』와 2018년 『한국의 들꽃』을 집필하였습니다. 『한국의 나무』는 우리나라에 분포하는 거의 모든 나무(목본)가 수록된 도감이고, 『한국의 들꽃』은 우리나라의 습지, 해안가, 민가 주변 등 우리 주변의 낮은 지역에 자라는 식물을 모아서 집필한 책입니다. 현재는 우리나라 산지의 숲속에 자라는 식물을 총 집대성한 『한국의 산꽃』을 집필하고 있습니다. 식물의 소중함과 정확한 정보를 대중에게 알리기 위해 앞으로도 식물 관련 책을 쓰는 일은 멈추지 않을 계획입니다.

식물 목록 만들기

우리 동네 남쪽에 있는 앞산의 식물상을 조사한다고 가정해 봅시다. 제일 먼저 앞산이 과거에 조사가 되어 있는지, 누가 어떠한 연구를 했는지를 알 수 있는 문헌들을 찾아서 분석합니다. 조사를 나가기 전에는 앞산의 지형지도 또는 위성지도를 통해 지형적인 특징을 파악하고, 등산로 등을 확인하여 조사 경로를 정합니다.

조사 경로를 정할 때는 최대한 다양한 생육지가 포함되어야만 정확한 조사가 이루어질 수 있어요. 물이 흐르는 계곡부에는 습한 환경을 좋아하는 식물이 모여 있습니다. 물을 더 좋아하는 수생식물, 습지식물 등은 산지 습지에서 자랍니다. 그늘지고 경사진 북쪽의 사면에는 햇빛이 부족해도 잘 견딜 수 있는 음지식물이 많이 분포하지요. 햇볕을 좋아하는 양지식물은 능선부와 정상부에 모여 있고, 특히 무덤가 풀밭은 양지식물의 피난처라고 할 정도로 다른 곳에서는 잘 볼 수 없는 식물들을 만날 수 있습니다. 특히 평지와 산지가 만나는 숲 가장자리(임연부)는 식물이 다양한 곳이니 더욱 집중해서 조사해야 합니다.

식물상은 표본 없이 목록화하기도 하지만, 학술적인 목록을 위해서는 다른 연구자들이 참고하거나 검증할 수 있도록 증거표본을 만들어 제시합니다. 현장 조사에서 관찰되는 식물은 종당 1~2점의 표본을 채집하며, 가능하면 꽃이나 열매를 달고 있는 식물을 채집해야 종을 식별하기가 수월하고 정확합니다. 물론 연구 목적으로만 채집해야 하고 무분별하게 채집하는 일은 없어야겠지요. 채집된 식물은 되도록 신속하게 표본을 제작해야

습지식물 조사 모습(대암산 용늪)

합니다. 구겨지거나 겹쳐진 잎과 줄기, 꽃잎 등을 잘 펴서 신문지 사이에 넣고 통풍지와 야책을 이용하여 식물을 건조해 표본을 제작합니다. 표본에는 채집 일자, 채집 장소, 채집자 등을 기록한 표본 라벨을 제작해 붙여야 합니다.

식물의 표본 제작이 완성되면 표본을 근거로 하여 식물 목록을 만듭니다. 목록은 일반적으로는 분류 체계에 따라 정리됩니다. 목록을 분석하면 그 지역에 분포하는 식물의 분류군별 종 조성을 알 수 있습니다. 어떤 과科 식물이 가장 많이 분포하는지, 비율은 어떤지, 그리고 총 몇 종류의 식물이 분포하고, 그중에 희귀식물, 고유식물, 귀화식물 등은 얼마나 있는지를 알 수 있습니다. 또는 목적에 따라 목본과 초본의 비율, 수생식물의 비율, 약용식물의 비율 등을 분석하기도 합니다.

히어리에게 묻고, 답을 얻다

이름도 특이한 히어리는 분포적으로도 매우 특이한 한반도 고유 식물입니다. 주로 지리산을 중심으로 전라남도, 전라북도, 경상남도의 일부 지역에서만 분포하는데, 이와 멀리 떨어진 강원도의 백운산(화천군)과 망덕봉(강릉시)에서도 자라고 있는 식물입니다. 신기하게도 그 사이인 경북, 충남, 충북 지역에서는 전혀 분포하지 않습니다. 마치 수수께끼 같아요. 이러한 수수께끼를 풀고 싶은 마음에 히어리 자생지를 찾아다닌 적이 있습니다.

히어리는 3월 말부터 4월 초까지 매화보다는 약간 늦게, 벚꽃보다는 일찍 꽃을 피웁니다. 이때가 가장 조사하기에 좋습니다. 일주일 동안 전라남도, 경상남도와 강원도의 자생지를 찾아다니는 동안 제 머릿속은 온통 히어리로 가득했습니다. '너는 왜 주로 지리산 지역에 모여 사니?', '강원도에는 왜 있는 거야?', '다른 지역에는 왜 없니?', '강원도에는 언제부터 살았니?' 등 조사 기간 내내 히어리와 마음속으로 무수한 대화를 나누었습니다. 히어리는 자신이 사는 모습을 보여 주며 말없이 저의 질문에 답을 주고, 또 자신의 성격을 알려 주었습니다.

산지 능선, 바위 지대, 절벽 등 다른 식물과의 경쟁이 적은 곳에 자라는 히어리는 햇볕을 좋아하는 식물입니다. 주로 북사면에서 자라는 것으로 미루어 보면 햇볕을 좋아하는 식물임에도 특이하게 건조한 곳에서 살 수 있는 능력이 매우 떨어지는 특성이 있다고 유추해 볼 수 있습니다. 현재 히어리가 분포하는 곳이 연평균 1,400㎜ 이상의 비가 내리는 곳이라는 것도 이를 잘 뒷받침해 줍니다. 히어리는 따뜻한 곳에서 흔히 자라는 대표적인 남방계 식물이고 생태적인 특성상 무리를 지으며 이동을 합니다. 이러한 특성을 종합적으로 고려하면 강원도에 있는 히어리들은 과거 특정 시기에 남쪽에서 강원도까지 무리를 이루어 이동했다가, 어떠한 원인으로 다른 지역의 히어리는 모두 소멸하고 강원도의 두 곳에서만 살아남은 것으로 추론할 수 있습니다.

햇볕을 좋아하고 건조한 곳을 싫어하는 남방계 식물인 히어리가 무리를 지으며 강한 경쟁력을 가지고 중부 지방인 강원도까지 번성할 수 있었던 시기는 언제일까요? 당연히 한반도가 숲을 이루기 전 고온다습한 기후를 보이는 시기였을 겁니다. 한반도에서는 이러한 시기가 지금으로부터 약 1만 년~8000년 전인 신석기 시대 외에는 존재하지 않았습니다. 빙하기가 물러가기 시작한 1만 년 전부터 한반도가 숲으로 덮이기 전까지가 그들에게는 가장 살기 좋았던, 가장 생존 경쟁력이 높았던 시기였습니다. 이 시기를 지나서 한반도의 기후가 고온건조기와 저온건조기를

경남 진주에 서식하는 히어리

거치면서 중부 지방의 히어리가 소멸한 것으로 추정하고 있습니다. 식물이 가지고 있는 생태적 특성을 알고, 현재의 정확한 분포와 과거 기후 변화의 역사를 안다면, 식물이 현재 왜 이렇게 분포하는지 좀 더 명확히 알 수가 있습니다.

내 마음속에 저장한 식물 조사지, 송지호

강원도 고성군에 자리한 송지호는 사람들에게 추천하고 싶은 식물 조사지입니다. 송지호는 석호인데, 석호는 만이나 하천의 하구가 해류 등에 의해 형성된 모래와 자갈로 이루어진 퇴적물에 의해 막히면서 생긴 자연 호수입니다. 다른 자연 호수와 구분되는 특징은 민물과 바닷물이 섞여 있는 기수성 호수라는 점입니다. 한반도에는 55개의 석호가 있습니다. 그중에 18개만이 우리나라 남한에 분포하는데, 대부분이 인위적 또는 자연적으로 파괴되었고, 육지화되거나 공원화되어 그 원형을 잃어 가고 있습니다. 그나마 송지호는 원형의 모습을 유지하고 있어 조사할 때마다 자연 속에 있다는 느낌을 강하게 받는 곳입니다.

송지호는 다양한 환경의 생육지를 포함하고 있어 많은 종류의 식물들을 관찰하기에 좋습니다. 동쪽은 바다와 맞닿아 있어서 진퍼리사초, 둥근바위솔, 해란초, 갯방풍 같은 사구 식물이 많습

송지호 전경

니다. 호수의 가장자리에는 멸종위기 식물인 갯봄맞이꽃을 포함해 털연리초, 부채붓꽃, 눈양지꽃 등의 희귀 습지식물이 자라고 있습니다. 그뿐이 아닙니다. 다른 곳에서는 쉽게 볼 수 없는 벼룩아재비, 큰천일사초, 천도미꾸리광이 등을 호수 가장자리의 습한 풀밭에서 관찰할 수 있습니다. 특히, 천도미꾸리광이는 국내에서 유일하게 이곳에서만 발견되는 희귀 북방계 식물입니다. 송지호 주변의 산지에서는 철쭉, 덜꿩나무, 쇠물푸레나무 등 예쁜 꽃이 피는 키 작은 나무도 볼 수 있습니다. 송지호는 둘레길이 잘 정비되어 있어 2~3시간 정도 걸으면 전체 호수를 둘러볼 수 있고 무수히 많은 식물을 쉽게 관찰할 수 있답니다.

멸종위기 식물 갯봄맞이

식물학자의 또 하나의 조건, 체력

야외에 나가 식물을 조사하면 언제나 즐겁습니다. 사실 '언제나'라는 단어는 빼야 할 것 같네요. 식물 조사는 등산이 필수이지만, 솔직히 아직도 적응하기 어렵습니다. 식물을 제대로 조사하려면 산의 가장 높은 정상부도 필수적으로 둘러봐야 합니다. 높은 산일수록 더 힘들겠죠. 우리나라에서 대표적으로 높은 산지인 한라산, 지리산, 설악산 등의 정상부에는 다양한 희귀식물이 모여 자랍니다. 대부분이 과거 최후 빙하기에 남하했던 북방계 식물이지요.

특히, 암매, 한라솜다리, 한라장구채 등은 우리나라에서 한라산의 정상부에서만 유일하게 자랍니다. 설악산의 정상부에는 홍월귤, 노랑만병초, 눈잣나무가 자라고, 또한 국내에서는 설악산이 이들의 유일한 자생지입니다. 희귀식물을 조사하기 위해서 정상까지의 등산은 피할 수 없네요. 가는 길이 험난하고 힘들지만 찾고 싶은 식물을 현장에서 직접 보게 되면 산행의 피곤함은 순식간에 사라지고 온몸으로 행복한 기분이 밀려듭니다. 식물의 정보가 확실하다면, 식물은 언제나 그 자리에서 꽃을 피우고 기다리고 있어서 땀을 흘린 것에 대한 보답은 확실히 받을 수 있습니다.

희귀식물의 경우 절벽지대에서만 자라는 경우도 많습니다. 예를 들면 최근에 발견된 섬진달래는 무인도서의 해안가 절벽에서만 자라고, 진주바위솔도 경사 70~90도의 바위 지대에서 생육합니다. 조사할 때 잘못해서 미끄러지면 다른 세상으로 갈 수도 있는 정도로 위험한 곳입니다. 이처럼 어떤 식물은 조사자가 매우 고된 여정과 위험을 감수해야만 모습을 보여 줍니다. 그런 식물을 만나러 갈 때 무엇보다 중요한 것은 안전 장비를 갖추는 것이고, 매 순간 조심하는 자세입니다.

설악산 정상부에 서식하는 홍월귤

설악산 정상부에 서식하는 눈잣나무 열매

식물 연구에 필요한 것들

카메라와 접사렌즈는 과학적 증거를 기록하기 위한 필수 장비입니다. 과거에는 필름 카메라를 사용했지만, 최근에는 디지털 카메라로 대체되어 촬영이 훨씬 편리해졌습니다. 렌즈의 종류는 다양하지만, 목적에 맞춰서 2~3개 정도 가지고 다닙니다. 식물 도감용 사진 촬영을 위해서는 접사렌즈(60㎜ 또는 100㎜)를 사용하고, 전경이나 현장 사진 등을 촬영할 때는 30㎜ 이하의 광각렌즈를 이용합니다.

휴대용 확대경도 늘 소지하고 다닙니다. 현장에서 식물의 꽃이나 잎 등의 미세한 특징을 관찰하는 데 이용합니다. 크기와 배율별로 다양한 종류가 있으며 식물 관찰에는 15배 정도가 무난합니다.

야책은 식물 표본 제작에 쓰이는 오래된 역사를 가진 도구입니다. 아마 약 300년 전 스웨덴의 식물학자 린네도 이와 비슷한 야책을 사용했을 것입니다. 야책 사이에 골판지와 식물 표본이 든 신문지를 차례로 차곡차곡 쌓아서 야책 끈으로 강하게 눌러 고정한 후 건조기에 넣어 표본을 말립니다.

굴취칼은 식물을 뿌리째 캘 때 사용하는 도구입니다. 원예용 굴취칼 대신 농사용 호미를 선호하는 채집가도 있습니다. 이 밖에도 고지가위, 전정가위 등이 있는데, 키가 큰 나무에 달린 꽃이나 열매를 채집할 때 사용하는 가위입니다. 주로 3~4m짜리를 이용하며 알루미늄 재질이어서 비교적 가볍습니다.

식물 연구자의 조사·연구 용품

카메라와 렌즈: 식물 촬영 시 접사렌즈를 주로 사용한다.

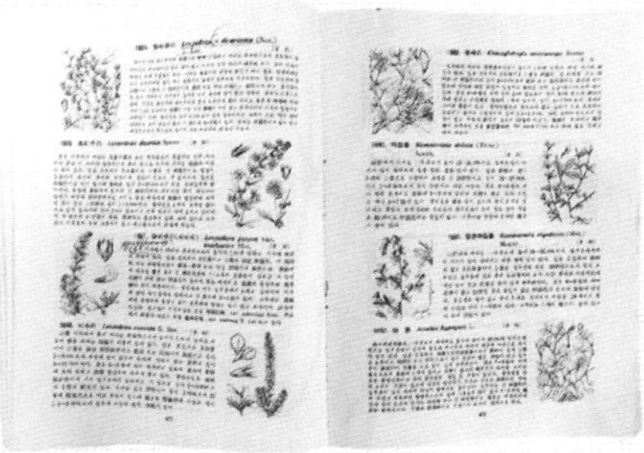

식물도감: 들고 다니기 번거롭지만, 현장 조사에서 종을 바로 확인하기 위해 지참한다.

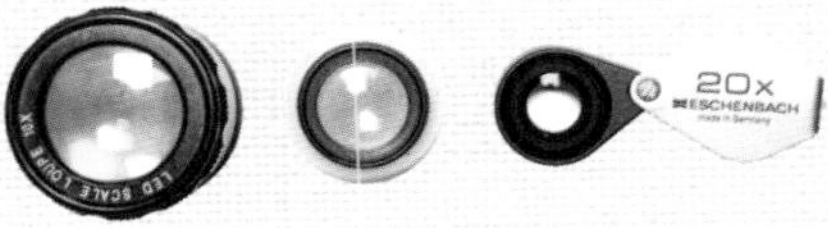

휴대용 확대경: 야외에서 휴대용으로 식물을 자세히 관찰하기 위해 사용한다.

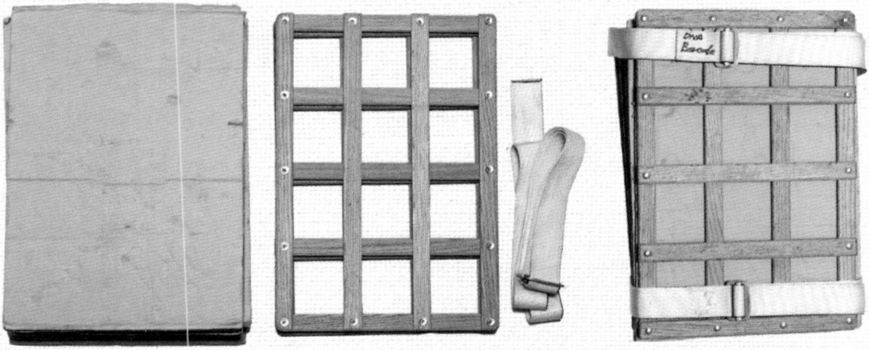

골판지, 야책, 야책 끈: 식물을 채집한 후 표본을 말리기 위해 사용한다.

굴취칼: 식물의 뿌리까지 채집할 때 사용한다.

전정가위: 식물의 가지나 잎 등을 잘라 낼 때 사용한다.

신문지: 채집한 식물 표본을 잘 건조하기 위해 골판지 사이에 넣는다.

야외 생물학자를 꿈꾸는 10대에게

'주변의 식물부터 관심을 가져라.'

뻔한 이야기 같지만, 식물학자를 꿈꾸는 이들에게 선배로서 제가 꼭 해 주고 싶은 말입니다. 우리 주변의 길가, 공원, 학교 등에는 많은 식물이 있습니다. 멀리 가야만 예쁜 식물을 볼 수 있는 것은 아닙니다. 주변에 있는 작은 잡초도 관심 있게 들여다보면 매우 예쁘다는 것을 알게 됩니다. 또한, 우리가 잡초로 취급하는 볼품없이 생긴 흔한 식물도 저마다 이름이 있고, 자기만의 개성이 있습니다. 주변의 식물을 바라보는 그 자체로 공부인 셈이죠.

다음으로 식물의 이름과 익숙해져야 합니다. 식물을 볼 때 이름을 들어 본 적이 있는 것과 없는 것은 큰 차이가 있습니다. 이름을 모르는 식물은 보고도 아무 느낌 없이 지나치기 쉽지만, 이름을 아는 식물은 그 모양새, 냄새, 빛깔 그리고 그 식물을 처음 만났을 때의 날씨와 기분까지도 오랫동안 기억하는 경우가 많습니다. 식물의 이름에 익숙해지는 방법은 식물도감을 가까이 두고 자주 찾아보는 것입니다. 모르는 단어를 만나면 사전을 찾아보듯이 모르는 식물은 도감에서 찾아보는 습관이 중요합니다. 식물학자를 꿈꾸지는 않아도 식물에 관심이 있다면 똑같이 적용되는 이야기입니다.

생물분류학을 공부하다 보면 많은 언어를 접하게 됩니다. 라틴어, 중국어, 일본어, 독일어, 러시아어 등으로 된 논문과 자료를 번역해야 하는 경우가 자주 있습니다. 특히 영어는 국제적 의사소통의 기본인 언어이기 때문에 생물학자를 포함해 과학자가 되기 위해서는 영어 공부를 병행해야 합니다. 우리나라의 식물을 연구하기 위해서는 종 구성이 비슷한 일본과 중국의 언어와 한자를 익혀 두는 것도 좋습니다.

생물 이야기

식물의 씨앗 산포, 그들만의 생존 전략

생물에게 가장 우선인 본능은 '생존'과 '종족 유지'입니다. 다시 말해, 생물은 살아남으려 하는 본능이 있고, 생식을 통해 자손에게 형질을 유전하여 자신의 대를 이어 나가려 합니다. 동물은 대부분 원하는 곳으로 자유롭게 이동할 수 있지만, 고착 생활을 하는 식물은 이동에 제한이 있습니다. 스스로 움직일 수 없으니 살아남아 대를 이어 갈 수 있도록 씨앗(종자)을 이동시키는 전략이 필요한 거죠. 식물마다 다양하고 독특한 씨앗의 이동 방법이 있는데, 이를 산포법이라고 해요. 산포법은 식물의 분포를 이해하는 데 아주 중요한 정보입니다.

식물의 산포법은 크게 5가지의 방식이 있습니다. 단순히 그냥 땅으로 떨어뜨리는 중력 산포, 동물을 이용하는 동물 산포, 바람을 이용하는 바람 산포, 물을 따라 이동하는 물(해류) 산포, 그리고 열매가 익어 가는 과정에서 생긴 물리적인 힘으로 튕겨 나가는 기계적 산포입니다. 일부 식물은 두 가지 이상의 산포법을 함께 사용하기도 합니다. 씨앗이 중력으로 땅에 떨어진 후에 바람이나 동물에 의해 이차적으로 더 먼 곳으로 이동하는 것처럼 말이지요. 식물의 산포법 중에서 바람 산포, 동물 산포, 물(해류) 산포는 멀리 떨어진 곳까지 씨앗을 보내는 방법으로 장거리 산포법에 해당하며, 중력 산포, 기계적 산포처럼 씨앗을 멀리 보내지 못하는 방식은 단거리 산포법이라고 합니다.

산포는 식물의 생존과 대를 잇기 위해 꼭 필요한 과정입니다. 단거리 산포처럼 외부의 도움 없이 자신의 힘으로 씨앗을 움직이면 이동 거리가 짧을 수밖에 없습니다. 씨앗이 가까운 곳에 흩어지면 서로 가까이 자랄 수밖에 없고 물, 햇빛, 영양분 등 서로 경쟁해야 할 요소가 많아지게 되어 질병에 걸릴 확률도 높아지죠. 장거리 산포처럼 멀리 이동한다면 경쟁이 줄어들고 싹이 잘 터서 다음 세대가 잘 사는 경우가 많습니다. 또한, 먼 거리로 가면서 자라기에 더 적합한 새로운 환경을 접할 확률이 높아지게 됩니다.

인도네시아의 크라카토아섬은 1883년에 대폭발하여 섬의 식물들이 소멸했습니다. 50년이 지난 후 실시한 연구에서 총 271 종류의 식물이 새로이 정착한 것으로 조사되었습니다. 식물의 유입 방식을 분석해 보니, 바람 산포(112종), 물(해류) 산포(76종) 그리고 동물 산포(68종) 순으로 대부분 장거리 산포법을 통해 유입된 것이 확인되었습니다. 이처럼 중력 산포, 기계적 산포와 같은 단거리 산포법은 바다를 건너 이동하는 것이 힘들며, 바다나 강 또는 산맥과 같은 큰 장애물을 짧은 시간에 넘나드는 이동은 주로 장거리 산포법으로 이루어집니다.

장거리 산포 중 바람 산포는 대부분 씨앗이 가벼운 편입니다. 민들레가 대표적이죠. 씨앗에 달린 우산 모양의 갓털이 바람에 날려 멀리 산포됩니다. 물(해류) 산포는 대부분 수생식물에 해당합니다. 가시연꽃의 씨앗은 물 위에 떠서 이동하다가 며칠 후 껍질에 붙어 있는 부유성 물질이 녹으면 물 밑으로 가라앉습니다. 야자수 열매도 바다를 떠돌다가 해변에 도착하여 발아하고, 맹그로브 나무도 물로 종자를 이동시키는 대표적인 식물입니다. 동물 산포는 말 그대로 동물을 이용해 씨앗을 퍼트립니다. 다람쥐나 일부 새는 씨앗을 숨겨서 비축하는 습성이 있는데, 먹지 않고 남은 씨앗이 자라나는 예도 있습니다. 짚신나물 열매는 끈끈한 점

바람으로 씨앗을 산포하는 민들레

액질을 내고, 도깨비바늘 열매는 가시 같은 털이 있어 동물의 표피나 사람의 바지에 붙어 이동하며 생명의 끈을 이어 갑니다.

특히, 동물 산포에는 더 독특한 전략이 존재합니다. 서로 다른 생물이 이익을 주고받으며 살아가는 관계를 '상리공생'이라고 하는데, 동물에게는 먹이를 제공하는 대신 식물은 씨앗을 이동시키는 방법이 대표적입니다. 식물이 맛있는 열매를 만들고, 새가 그것을 먹으면 과육은 소화시키고 먼 곳에 이동하여 씨앗을 배설하는 것이죠. 실제로 그냥 씨앗을 심는 것보다 새가 배설한

산사나무 열매를 먹고 씨앗을 배설하여 산포하는 직박구리

씨앗이 더 발아율이 높았다는 연구 결과도 있답니다.

깽깽이풀, 현오색, 애기똥풀과 같은 식물들은 씨앗을 산포하기 위해 개미를 이용합니다. 씨앗 테두리에는 '엘라이오솜elaiosome'이라는 지방이 있는데 개미 유충에게 중요한 영양원이 된답니다. 개미는 이것을 떼어 먹고 남은 씨앗은 주변에 버리는데 이 덕분에 개체 간 경쟁에서 벗어나 발아에 적합한 환경으로 이동하고 생존율을 높입니다.

이처럼 식물의 생존 전략은 자신만을 위한 게 아니라 상리공생으로 서로 도움을 주며 진화해 왔습니다. 한곳에 뿌리내리면 움직일 수 없는 식물이지만 생존을 위해서 바람, 물, 동물 등 다양한 방법을 이용해 생명을 이어 나가는 식물의 생존 전략이 참 신비롭습니다.

8

야외 생물학자 이야기

발밑에서 미래를 찾는, 버섯 박사 조종원

생물학자 정보

- 이름: 조종원
- 출신지: 강원도 춘천시
- 최종 학위: 농학 박사
- 주요 연구 분야: 버섯 분류·생태
- 직업: 국립호남권생물자원관 선임연구원
- 연구 경력: 11년

- 즐겨 읽는 책: 『How to identify mushrooms to Genus Ⅰ~Ⅵ』
- 즐겨 찾는 조사지: 버섯이 있는 곳은 어디든지
- 주요 연구 물품: 현미경, 카메라, 휴대용 확대경, 다용도 칼, 작은 삽, 채집 봉투, 조사야장 등
- 가장 좋아하는 생물 종: 먹물버섯*Coprinus comatus*
  → 먹물버섯속의 기준이 되는 종이며, 처음으로 학명을 외웠던 버섯이다. 자신의 몸을 녹여 포자를 퍼뜨리는 방식으로 번식한다. 그 희생정신을 닮고 싶다.

내가 좋아하는 먹물버섯

버섯이 곰팡이라고?

균류fungi는 흔히 곰팡이로 알려진 작은 생물로 우리와 함께 살아가는 삶의 동반자입니다. 먹던 빵, 과일 등을 며칠간 방치하면 다양한 균이 무럭무럭 자라는 것을 쉽게 볼 수 있고 환기가 잘 되지 않는 방의 벽지나 지하실, 결로가 생기는 베란다의 벽에서도 어두운색으로 발생한 곰팡이를 관찰할 수 있습니다. 그 밖에도 우리가 매일 접하는 스마트폰, 키보드, 침대, 더운 여름을 책임지는 에어컨 속, 심지어 숨을 쉬기 위해 마시는 공기 중에도 균류는 존재합니다. 다만 일정 크기 이상 생장하지 않으면 보이지 않기에 인지하지 못할 뿐 우리와 늘 함께 살아가고 있습니다.

저는 균류 중에서 버섯으로 잘 알려진 자실체fruiting body를 형성하는 균류의 다양성을 연구하고 있습니다. 생물다양성 연구를 간단하게 설명하면 종 단위의 생물이 어디에서 살고 있는지 확인하여 특징을 기록하고 표본으로 만들어 생물의 서식 증거를 확보하는 일이라고 할 수 있습니다. 생물은 생태계 내에서 서로 유기적인 관계를 맺고 살아가기 때문에 한 종의 생물이 멸종되거나 개체 수가 줄어들면 다른 생물에게 그 피해가 전이되고 결국에는 생태계의 균형이 깨지는 결과를 초래합니다. 생물다양성 연구를 통해 생물의 서식 현황을 파악하고 생태계가 건강하게 유지될 수 있도록 보호하는 역할은 생물의 한 종인 우리 인간에게도 매우 중요한 일입니다.

오늘 여러분의 식사에도 포함되었을 수 있는 버섯은 자실체를 형성하는 대표적인 균류입니다. "내가 오늘 맛있게 먹은 버섯이 곰팡이라고?" 놀랄 수도 있지만, 버섯은 명확하게 균류에 속합니다. 우리가 버섯으로 알고 있는 생물은 버섯균이 포자spore를 만들기 위해 형성하는 자실체이며 균류의 생활사 중 한 단계로 식물의 꽃이나 열매에 비유할 수 있습니다. 버섯은 생물분류 초기에는 식물계에 속하기도 했지만, 꽃, 잎, 줄기처럼 기관이 분화되지 않고 엽록소가 없기 때문에 스스로 양분을 만들 수 없는 종속 영양 생물입니다.

어린 시절 상상 속의 버섯

여러분은 버섯을 생각하면 어떤 이미지가 떠오르나요? 지금

어린 시절 상상 속의 버섯

은 버섯을 연구하는 학자가 되었지만 어린 시절 버섯의 이미지는 '땅에서 자라는 작은 우산'이었습니다. '맛이 없고 이상한 냄새가 나고 독이 있을 것 같다.'라는 생각도 했습니다. 명확한 이유도 없이 버섯에 대한 부정적인 시각을 갖고 먹는 것도 싫어했던 제가 지금은 버섯 연구자로 살고 있다는 사실에 웃음이 나기도 합니다.

어렸을 때는 버섯에 대한 궁금증이 전혀 없었고, 그냥 산에 가면 볼 수 있는 맛없는 음식 정도로 생각했지요. 버섯에 대한 안 좋은 인식이 바뀌게 된 계기는 게임 속의 캐릭터 '슈퍼마리오'를 알고 나서였습니다. 평소에는 작은 슈퍼마리오가 버섯을 먹으면 몸도 커지고 힘이 세지는 것을 보고 '버섯을 잘 먹으면 튼튼해질 수 있구나.'라고 생각했습니다. 그렇지만 당시에도 표고버섯 특유의 향이 싫어서 잘 먹지 않았는데 어른이 되고 나니 도리어 그 향이 좋아 가장 좋아하는 음식이 되었습니다.

송이는 왜 표고보다 비쌀까?

가을을 대표하는 버섯인 송이는 킬로그램kg당 수십만 원이 넘기도 합니다. 왜 이렇게 비싼 걸까요? 그 이유는 버섯의 생태적 역할에서 찾아볼 수 있습니다. 공생성 버섯인 송이는 소나무와 함께 서로 도우며 살아가기 때문에 동반자인 소나무 없이 송이균 단독으로는 버섯을 만들지 못합니다. 따라서 송이의 생태적 주기에 따라 발생 계절이 가을로 정해져 있고 그해의 발생량에 따라 가격 변동이 큽니다. 안정적인 송이의 공급을 위해 인공 재배를 위한 다양한 연구가 진행되었지만, 소나무와 송이균의 공생 관계에 대한 메커니즘을 인공적으로 연결하지 못했습니다. 따라서 자연 발생량에 의존해야 하는 송이의 가격은 다른 버섯에 비하여 비쌀 수밖에 없으며 현재까지 송이는 100% 자연산입니다.

반면, 부생성 버섯인 표고, 느타리, 새송이 등은 흔히 접할 수 있습니다. 죽은 나무를 분해하며 살아가는 특성을 이용해 균을 접종하여 키우는 인공 재배가 가능해서 버섯 농사를 지을 수 있지요. 그래서 송이보다 가격이 훨씬 저렴합니다. 참고로 우리가 고기와 함께 즐겨 먹는 새송이는 이름만 비슷할 뿐, 분류학적으로 느타리속Pleurotus에 속하는 버섯으로 송이속Tricholoma에 속하는 송이와는 먼 관계에 있습니다.

버섯 분류학자가 되고 싶었던 세 가지 이유

대학 시절, 군대를 제대하고 복학 직후에 평소 친하게 지내던 학과 선배의 권유로 균학 연구실에 들어갔습니다. 사실 연구에 관한 관심보다는 학교에서 친한 선배와 더 많은 시간을 보내고 싶은 것이 솔직한 마음이었습니다. 막상 실험실 생활을 해 보니 교과목을 통해서 배울 때는 흥미를 느끼지 못한 미생물 기초 실험에 점차 재미가 붙었습니다. 목적을 가지고 실험하는 것이 즐거웠고 원하는 결과를 얻었을 때 높은 성취감을 느꼈습니다. 그 순간 대학 생활에서 처음으로 미래를 고민하고 생물학자를 꿈꾸게 되었습니다.

국립식물검역원(현 농림축산검역본부)에서 일하는 것을 목표로 대학원에 진학했고, 수목에 병을 일으키는 균류 연구로 석사 학위를 받았습니다. 그러나 제 관심은 다른 곳에 있었습니다. 국내·외 버섯 자원을 수집하는 연구 과제에 참여하게 되면서 버섯

독버섯처럼 보이지만 독이 없는 붉은달걀광대버섯

페퍼로니 햄처럼 생긴 들주발버섯

의 매력에 푹 빠져 버렸습니다. 첫째, 답답한 실험실을 떠나서 좋아하는 선배와 산에 가는 것이 마냥 좋았고 둘째, 너무나도 다양한 모양과 크기, 수수하면서도 때로는 화려한 색을 가진 버섯의 매력에 끌렸으며 셋째, 국내에 버섯 분류학자가 많지 않아 경쟁력이 있어 보였습니다.

석사 과정 졸업 후 버섯 분류 연구를 수행하고 있는 기관에서 계약직 연구원으로 근무하며 박사 과정을 시작했습니다. 제 나이 서른, 인생의 전환점이었습니다. 버섯 분류를 선택하게 된 세 번째 이유인 국내 분류학자의 부족은 달리 말하면 함께 연구할 수 있는 동료 연구자가 부족하다는 것입니다. 박사 과정 내내 저를 지치게 하는 이유였지만, 대신 스스로 해결해 나가는 도전 정신과 열정을 갖게 해 주었고 지금까지 공부할 수 있는 원동력이 되었습니다.

뾰족뾰족한 형태가 특징적인 혓바늘목이

젤리처럼 보이는 갈색털고무버섯

버섯을 보려면 어디로 가야 할까?

버섯을 연구하기 위해서는 일단 밖으로 나가야 합니다. 움직이지 않는 생물이기에 직접 만나러 가야 볼 수 있습니다. 집에 있는 화분에서도 종종 버섯이 발생하지만 다양한 버섯을 보고 싶다면 발품을 팔아야 합니다. 관심을 가지고 찾아보면 이런 곳에도 버섯이 있었나 싶을 정도로 버섯은 곳곳에 있습니다. 우리가 생각하는 모습과 다른 버섯도 많아서 관심을 가지면 가질수록 점차 다양한 버섯을 관찰할 수 있습니다. 굳이 설악산, 지리산, 태백산처럼 높고 유명한 산에 가야만 하는 것은 아닙니다. 물론 큰 산에서 더 다양한 버섯을 관찰할 수 있지만, 집 근처의 공원이나 작은 산에서도 충분히 많은 종류의 버섯을 만날 수 있습니다.

야외에서 버섯을 조사하는 모습

버섯은 대부분 종별로 발생 시기가 정해져 있고, 주로 여름부터 가을까지의 기간에 다양한 버섯이 발생합니다. 이른 봄이나 겨울에 발생하는 버섯도 있지만 발견하기가 어렵고 종류도 적습니다. 나무에서 발생하는 말굽버섯, 잔나비불로초 등의 목재부후성(나무를 썩히며 살아가는 성질) 버섯은 조직이 질기고 단단하여 1년이 넘도록 형태를 유지합니다. 그러나 우리가 흔히 알고 있는 우산 모양의 버섯은 짧으면 3~4일, 길어도 10일 이내에 포자를 퍼트려 자신의 역할을 끝내고 자연으로 돌아갑니다. 따라서 매우 어리거나 오래되지 않은 온전한 형태를 유지하고 있는 버섯을 본다면 정말 운이 좋은 날입니다. 버섯을 발견하면 촬영해서 날짜와 위치 기록을 남겨 두면 좋습니다. 버섯이 발생한 주변

원숭이 엉덩이를 닮은 잔나비불로초

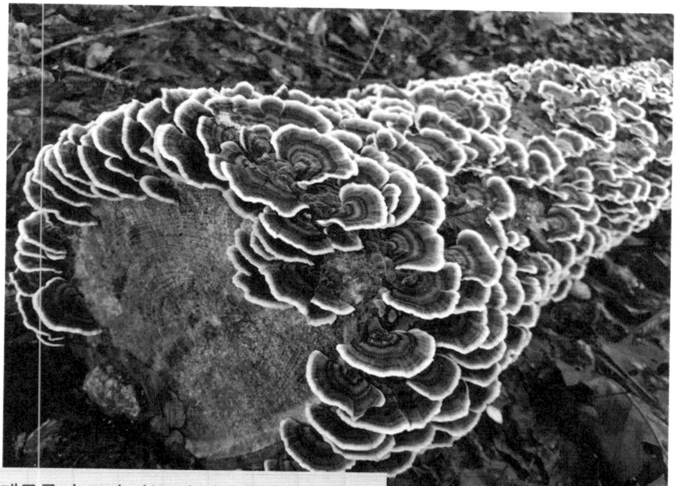

뭉게구름이 모여 있는 것 같은 구름송편버섯

환경을 함께 익혀 두면 다른 지역에서도 같은 버섯을 찾을 때 큰 도움이 됩니다. 버섯 한 종의 모습을 담기 위해 모기에 물려 가며 한참을 쪼그려 앉아 사진을 찍던 기억이 나네요.

왠지 창피한 고백을 합니다. 버섯 분류를 연구하며 기억도 다 못할 정도로 많은 산을 다녔지만, 아직도 송이를 현장에서 직접 만나지 못했습니다. 이미 수거되어 직판장에서 판매를 기다리고 있는 송이만 잔뜩 보았지요. 변명을 하자면 송이보다 다양한 버섯을 보는 것이 목표였고 송이가 발생하는 시기에는 산 주인과 마찰이 생길 수 있기 때문입니다. 소나무가 많은 산에 경고 표지 또는 나무 둘레로 띠가 설치되어 있다면 절대 들어가지 마세요. 제 지인 중에는 송이 발생 철에 산에 갔다가 경찰서에 다녀오신 분이 여럿 있습니다. 그래도 좋게 생각하면 아직도 만날 수 있는

야외에서 직접 만나고 싶은 송이

버섯이 있다는 것에 기분이 좋습니다. 버섯 분류학자에게 지금껏 만나지 못한 종을 직접 보는 것은 큰 즐거움 중 하나이기 때문입니다. 저도 언젠가 자연스럽게 송이를 만날 날을 기대하며 아쉬움은 잠시 접어 두겠습니다.

현미경 속 더 넓은 세계

채집을 마치고 돌아오면 더 많은 일이 기다리고 있습니다. 채집된 버섯 표본은 대용량 건조기를 이용하여 2~3일간 재건조 과정을 거칩니다. 이후 표본 상태에 문제가 없음을 확인한 후 정해진 절차에 따라서 생물분류학자의 보물창고인 표본 수장고에 보관됩니다. 이렇게 보관된 표본은 비로소 학술적으로 가치를 갖게 되며 다양한 연구에 활용될 수 있습니다. DNA 추출을 통해 얻게 되는 유전 정보는 생물 데이터베이스에 기록되고 종 식별 연구에 활용됩니다. 예전에는 외부 형태나 미세 구조, 서식 정보 등을 바탕으로 종을 식별하고 기록했지만, 이제는 유전자 분석이 생물 분류에 매우 중요한 정보가 되었습니다. 유전 정보가 생물 분류에 적용되면서 기존 형태 정보를 통해 만들어진 분류 체계에 많은 변화가 생기고 복잡해진 경향이 있지만 그만큼 분류가 정확해지는 과정이라고 할 수 있습니다.

현미경 속 더 넓은 세상을 관찰하는 모습

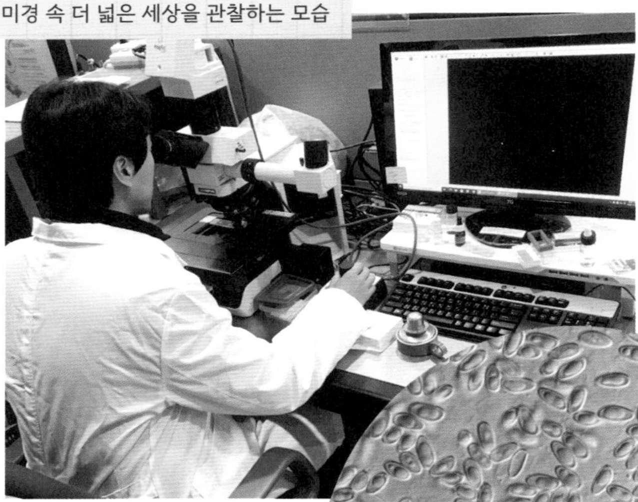

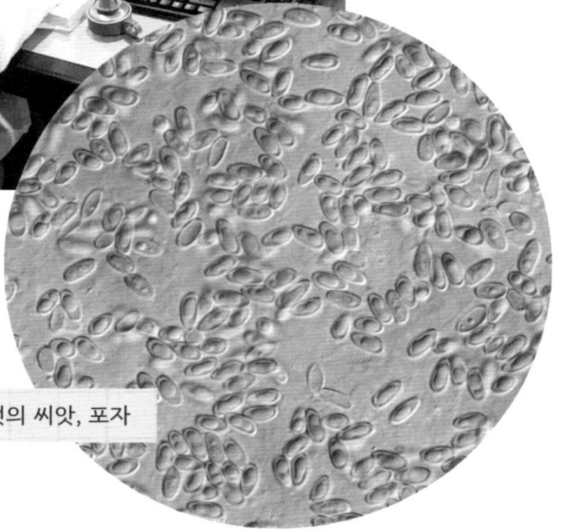

버섯의 씨앗, 포자

맨눈으로 볼 수 없는 미세 구조는 현미경을 이용하여 보통 1,000배의 배율로 관찰하고 정보를 기록합니다. 특히, 신종 표본은 가능한 많은 정보의 기록이 필요하고 오랜 시간 현미경 관찰이 지속됩니다. 현미경의 작은 렌즈를 통해 관찰하는 일은 피로도가 높아서 다소 민감해질 수 있는데, 이 때문에 미생물 분류학자는 속이 좁다는 우스갯소리도 생겨난 것 같습니다. 평소에는 바다처럼 마음이 넓은 분들이 대부분이니 오해는 말아 주세요.

현미경 관찰은 시료 준비부터 세심한 노력과 지식이 필요하고 숙련도에 따라 결과에 확연한 차이가 나기 때문에 가능한 다양한 표본을 꾸준히 관찰해야 합니다. 제가 존경하는 한 박사님은 분류학자는 무엇보다 현미경을 가까이해야 한다고 늘 말씀하셨습니다. 현미경 안에는 우리가 모르는 더 넓은 세상이 있고 버섯 분류학자는 그 세상을 보는 법을 배워야 합니다.

자신감이 지나쳐 자만심이 되지 않기를

버섯 분류학자에게 현장 경험은 무엇과도 바꿀 수 없는 소중한 자산입니다. 버섯 분류 연구는 결코 책에서 찾을 수 없고 단시간에 이루어질 수 없습니다. 연구자는 자신의 오감을 통해 꾸준히 배워야 합니다. 그다음 필요한 것은 겸손함입니다. 저는 박사과정부터 본격적으로 버섯 분류 연구를 시작했고, 하고 싶었던 일을 할 수 있어 즐거웠습니다. 공부를 시작하고 3~4년이 지났을 즈음에는 누군가 버섯 이름을 물어보면 정말 거침없이 대답했습니다. 모른다는 말을 부끄럽게 생각했고 얕은 지식으로 거만하게 아는 척을 했습니다.

하지만 공부가 깊어질수록 제 지식의 얕음과 부족함을 뼈저리게 느꼈고 지난 행동이 얼마나 부끄러운 일이었는지 깨달았습니다. 저는 자신감으로 포장된 자만심에 빠져 있었습니다. 생물을 이해하는 것은 한 세기에 할 수 있는 일이 아니며 특히 분류라는 학문은 시간과 기록이 쌓일수록 더욱 두터워지는 학문입니다. 예전에는 A라고 알고 있던 버섯이 지금은 B, C로 나누어지고 때로는 속 수준을 넘어 과와 목을 이동하기도 합니다. 분류학은 그런 학문입니다. 분류학자는 종 식별에 늘 신중해야 하고 알지 못함을 부끄러워하지 않아야 합니다. 정말 부끄러운 일은 모름을 알고도 공부하지 않는 것입니다.

생물의 첫 번째 기록, 신종 발견

세계에서 처음 발견한 생물의 기록, 즉 신종의 발견은 분류학자에게 매우 영광스러운 일입니다. 저에게도 그런 영광스러운 기억이 있습니다. 전 세계에 기록이 없던 새로운 종 '갈색주름광대버섯'을 강화도에서 처음으로 발견했습니다. 광대버섯속 Amanita은 전 세계에 600여 종이 기록되어 있고 다양한 수목과 공생 관계를 맺고 살아가며 치명적인 독을 가진 종이 다수 포함되어 있습니다. 국내에서는 주로 여름부터 가을까지 전국의 산림 지역에서 발생하며 60여 종이 보고되어 있습니다. 버섯에 관

갈색주름광대버섯

심이 있다면 모르는 사람이 없을 정도로 잘 알려진 독버섯 사고의 범인입니다.

'갈색주름광대버섯'의 외부 형태는 그동안 공부하며 문헌이나 사진으로 접하지 못한 종이었습니다. 추가 표본 확보와 형태 및 유전자 분석을 진행한 결과 국내 1호 광대버섯속의 신종으로 보고할 수 있었습니다. 버섯을 처음 발견했던 순간의 설렘이 아직도 기억나네요. 신종 또는 미기록종을 찾고 인정받기까지는 큰 노력과 오랜 시간이 필요하지만 그만큼 성취감도 높습니다. '호랑이는 죽어서 가죽을 남기고 사람은 죽어서 이름을 남긴다.'라는 말이 있듯 생물분류학자는 생물 연구를 통해 생물의 이름을 남깁니다.

캄보디아에서 만난 거머리와의 추억

생물 분류 연구를 수행하다 보면 해외 연구에 참여할 기회가 생기는데 이는 즐겁고 설레는 일입니다. 국내에서 볼 수 없는 버섯을 다양하게 볼 수 있기 때문이지요. 그리고 선진국보다는 개발도상국을 방문했을 때가 더욱 기억에 남습니다. 날씨, 음식, 위생, 잠자리, 이동 수단 등 불편한 점은 한두 가지가 아니지만, 소위 말하는 오지 탐험을 즐길 수 있습니다.

캄보디아 밀림 조사 때의 일입니다. 그때 만난 생물 중 아직까지 잊지 못하는 것이 있습니다. 밀림이라고 하니까 손바닥 크기의 달팽이, 길이가 30㎝가 넘는 지렁이, 무서운 전갈이나 뱀이 떠오르겠지만, 아닙니다. 바로 거머리입니다. 밀림을 헤쳐 가다가 잠시 휴식을 취하고 있으면 여러 마리의 거머리가 몸을 구부렸다 펴기를 반복하며 따뜻한 피를 먹기 위해 무섭게 다가옵니다. 나무 위에서도 떨어져 모자를 벗을 수 없지요. 일찍 발견하면 다행이지만 알아차리기가 어렵고 두꺼운 등산 양말 위에 붙어서도 피를 빨아먹습니다. 거머리에 물리면 그리 아프지는 않지만, 피가 멈추지 않아서 곤혹스럽습니다. 게다가 말로 표현하기 힘든 좋지 않은 기분이 듭니다. 저는 종아리를 물렸는데 거머리를 떼어 내고 붙였던 밴드가 흐르는 피와 함께 세 번이나 떨어져서 그냥 포기하고 다녔습니다.

하루는 함께 갔던 선배가 조사를 마치고 씻기 위해 바지를 벗었는데 빨간색 반점 무늬 속옷이 보였습니다. '형, 속옷이 멋지네요.'라고 말했는데 알고 보니 거머리에 물려서 속옷이 빨갛게 피로 물든 것이었지요. 처음엔 놀랐지만 선배의 허탈한 듯 알 수 없는 표정에 저도 모르게 너무 크게 웃었던 기억이 납니다.

버섯 연구에 필요한 것들

단순한 관찰이 아닌 연구를 위해 버섯을 만나러 가려면 여러 준비가 필요합니다. 우선 진드기, 모기, 벌, 뱀 등을 겁내지 않는 강한 정신력은 기본입니다. 본격적인 준비물로 가장 중요한 것은 카메라입니다. 대부분의 버섯은 수분 함량이 80% 이상이며 당일 건조 과정을 거치지 않으면 금방 부패합니다. 건조하게 되면 크기와 색이 변하기 때문에 자연 상태의 모습을 기록하기 위해서 채취하기 전 사진 촬영은 필수입니다. 사진은 다양한 각도에서 촬영해야 하고 크기를 가늠할 수 있도록 5㎝ 정도의 스케일바를 옆에 놓아 둡니다. 분포 위치를 확인하기 위한 GPS, 온전한 버섯을 채취하기 위한 뿌리삽이나 모종삽도 필요합니다.

땅에서 발생하는 버섯의 경우 땅 아래로 묻혀 있는 기부의 모양이 분류에 필요한 특징인 경우가 많습니다. 종종 버섯을 땅 위의 줄기까지만 끊어서 찍은 사진으로 버섯 이름을 물어보는 분들이 있는데 정확한 채집 방법이 아니랍니다. 채집한 후에 표본을 담을 종이봉투가 필요하며 여기에는 표본 번호, 채집 날짜, 채집 지역, 버섯 이름 등을 함께 기록합니다. 채집한 표본은 번호별로 봉투에 담아 다른 표본과 섞이지 않도록 주의해야 합니다. 그 밖에도 표본 봉투를 담을 큰 가방과 현장에서 특징을 바로 관찰하기 위한 휴대용 확대경이 필요하며 다용도 칼도 준비하면 좋습니다. 다음으로 중요한 것은 간이 건조기입니다. 보통 2~3일 이상 단위로 현장 조사를 가기 때문에 당일 수집한 버섯 표본이 부패하지 않도록 밤에는 간이 건조기를 이용하여 표본의 수분을 제거합니다. 표본을 건조하기 전에 유전 정보DNA를 확보하기 위한 버섯 조직 절편을 따로 채취하여 보관해야 하고 일부 버섯은 인공 배지에 옮겨 균 분리를 시도합니다. 버섯 연구자의 하루는 아침부터 저녁까지 쉴 틈이 없습니다.

버섯 연구자의 조사·연구 용품

휴대용 확대경: 야외에서 휴대용으로 버섯을
자세히 관찰할 때 사용한다.

카메라와 렌즈: 버섯 연구에 필수이며,
근접 촬영을 위해 접사렌즈를 주로 사용한다.

삼각대: 안정적인 촬영을 위해 삼각대가 필요하며,
어두운 지역에서는 흔들림을 방지하기 위해 필수이다.

스케일 바: 관찰하거나 촬영할 때
크기를 측정하는 데 필요하다.

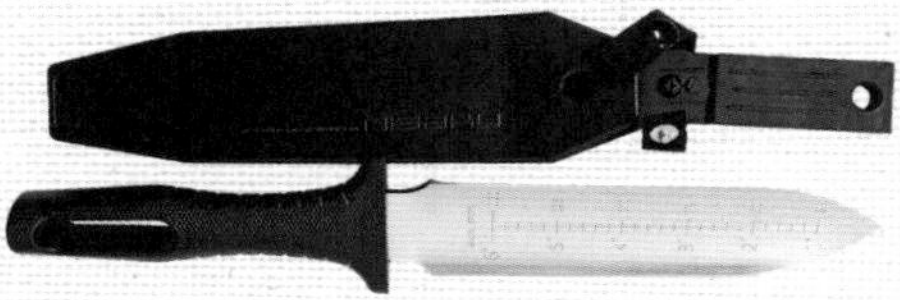

뿌리삽: 버섯을 채집할 때 사용한다.

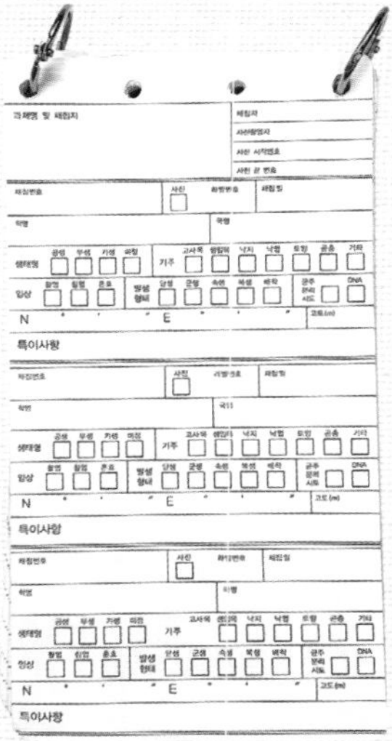

위치 확인용 GPS: 종의 서식지 위치와
분포를 확인하는 데 필요하다.

다용도 칼: 현장 조사에서
다용도로 사용된다.

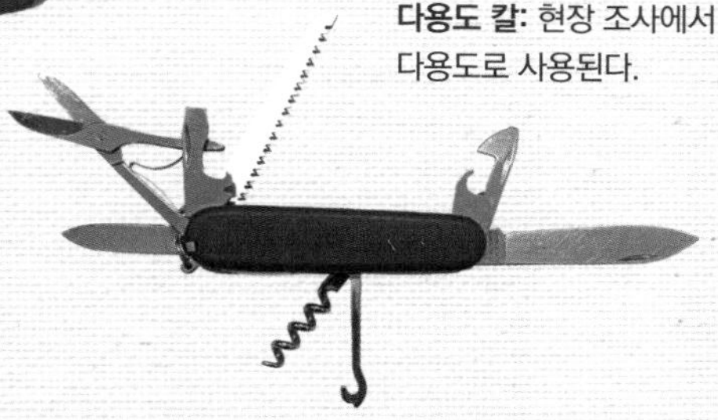

조사야장: 현장 조사에서 다양한 정보를 기록한다.

채집 봉투: 야외에서 채집한 균류를 임시 보관하는 용도이다.

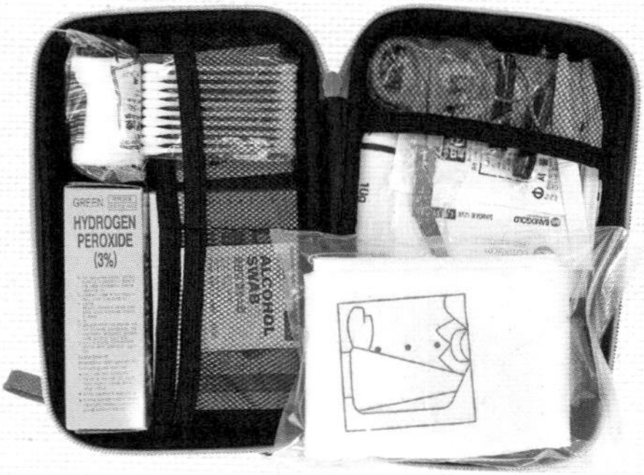

휴대용 구급 키트: 야외에서는 안전사고가 언제든 발생할 수 있어 응급 물품은 꼭 필요하다.

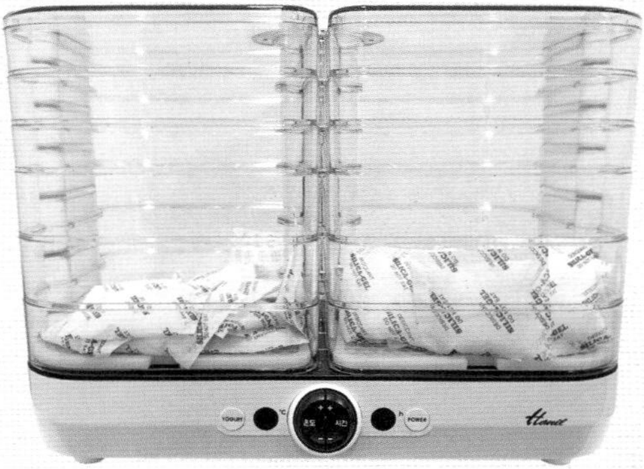

간이 건조기: 버섯이 부패하지 않도록 현장에서 바로 건조할 수 있는 장비이다.

야외 생물학자를 꿈꾸는 10대에게

'생물분류학자가 되려면 석사, 박사가 꼭 되어야 하나요?'라고 질문한다면 '그렇다.'고 답해야겠네요. 단, 전제 조건은 취미가 아닌 직업으로 분류학자가 되고자 할 때입니다. 호랑이를 잡으려면 호랑이 굴에 들어가야 하듯이 기회를 잡으려면 그 세계에 있어야 합니다. 연구를 위해서는 다양한 정보와 연구자와의 네트워크가 중요하기 때문입니다. 게다가 학위 과정을 통해 얻게 되는 경험도 중요합니다. 실패와 좌절, 극복 그리고 성취의 기쁨을 반복하는 경험은 생물분류학자가 되기 위한 발판이 되고, 생물분류학자가 된 이후에도 빛을 발할 수 있는 원동력이 됩니다.

생물분류학자가 되는 길은 처음에는 넓어 보이지만 걸어갈수록 좁아짐을 느끼게 됩니다. 혹시 길이 없어지지 않을까 하는 두려움에 주저앉아 다른 길을 찾기도 합니다. 앞날에 대한 불확실성에 포기하고 싶어지면 잠시 걸음을 멈추세요. 쉬면서 걸어온 길을 되짚어 보고 다시 걸어갈 힘을 얻으면 됩니다. 어떤 길을 걸어도 미래는 불확실하고 과정은 어렵습니다. 단, 좋아하는 일을 한다면 한 걸음 더 나아갈 힘이 생기고 포기하지 않을 수 있습니다.

생물을 좋아하고 과학자나 선생님을 꿈꾼다면 과감하게 도전하세요. 생물학자도 과학자이고, 또 중고등학교의 선생님이 되지 않아도 사람들에게 교육을 할 수 있는 기회도 많습니다.

생물분류학자는 생물을 좋아하는 누구나 도전할 수 있습니다. 생물분류학은 모든 생물 연구의 시작이며 생물과 관련된 응용 또는 활용 연구도 생물의 종을 알아가는 것부터 시작됩니다. 꼭 버섯이 아니어도 좋습니다. 생물을 좋아한다면 생물분류학자에 도전하는 것을 적극 추천합니다.

생물 이야기

숲의 파수꾼, 버섯

'버섯이 사라진다면?' 이 질문에 부모님은 당장 우리의 밥상을 걱정할지도 모르겠네요. 우리나라에는 2,000여 종의 야생 버섯이 있고 송이, 새송이, 표고, 팽이, 상황 등 다양한 버섯을 약과 식용으로 이용합니다. 대부분 섬유질이 많고 열량도 낮아 다이어트뿐 아니라 면역력 증진, 당뇨병과 고혈압 등의 성인병 예방에도 좋다고 알려져 있습니다. 이처럼 몸에도 좋고 맛도 좋은 음식 재료가 식탁에서 사라진다는 건 상상하기 싫습니다. 다만, 약 200여 종은 독이 있는 것으로 알려져 있고, 정확한 정보가 없는 종이 많으며 식용 버섯과 비슷한 종류도 많아 주의가 필요합니다. 야생에서 발견한 버섯은 아예 먹지 않는 것이 독버섯 중독을 예방하는 길이겠지요.

버섯은 사람에게도 유익하지만, 생태계에서는 그와 비교할 수 없을 만큼 더욱 큰 역할을 합니다. 버섯은 공생자, 분해자 그리고 기생자의 역할을 충실히 수행하며 산림 생태계가 건강하게 유지될 수 있도록 지금, 이 순간에도 쉼 없이 노력하고 있습니다. 소나무와 공생 관계를 맺고 생장을 돕는 송이가 대표적인 공생성 버섯입니다. 공생성 버섯의 균사(균류의 몸을 이루는 미세한 실 모양의 세포)는 나무의 뿌리와 연결하여 뿌리가 닿지 못하는 곳까지 영역을 넓히고 토양 속의 양분을 흡수해 나무에 전달합니다. 이때, 공생성 버섯의 균사는 하나의 나무가 아닌 주변의 다양한 나무의 뿌리와 연결되고 하나의 공동체를 이루게 됩니다. 넓은 시야를 가져야 한다는 관점에서 '나무가 아닌 숲을 보라.'라는 말이 있지만, 버섯 분류학자는 숲 토양 아래 형성된 공생성 버섯의 연결을 먼저 떠올려야 합니다. 우리의 발밑에는 또 다른 세상이 있습니다.

표고, 느타리, 양송이, 새송이 등의 버섯은 유기물을 분해하여 무기물로 환원하는 분해자이자 숲의 청소부입니다. 부생성 버섯이라고도 하지요. 버섯은 사실 식물이 아닙니다. 식물은 광합성을 통해 스스로 영양분을 만들지만, 버섯은 영양분을 만들지 못하고 뿌리도 없습니다. 대신 나무껍질, 낙엽 등 죽은 생물한테서 영양분을 얻지요. 이 과정에서 죽은 생물을 더 작은 조각으로 분해하고 흙을 기름지게 합니다. 예를 들어, 숲에는 많은 나무가 있고 매년 나뭇잎이 열리고 떨어집니다. 그 많은 나뭇잎이 없어지지 않고 매년 쌓이기만 한다면 우리는 산에 갈 수 없겠지요. 다른 미생물도 나뭇잎을 분해하지만, 버섯의 역할이 매우 큽니다.

기생성 버섯은 동충하초류가 대표적입니다. 살아있는 곤충을 기주(기생생물에게 영양을 공급하는 생물)로 삼아 살아가지요. 특정

나무와 서로 도우며 살아가는 공생성 버섯 균사

나뭇잎을 분해하는 부생성 버섯 균사

노린재를 포식하는 노린재포식동충하초

종의 곤충이 밀도가 높아지면 다른 생물이 피해를 받게 되고 생태계에 불균형이 생깁니다. 곤충으로서는 무서운 병이지만 기생성 버섯은 곤충의 밀도를 조절하여 공생성, 부생성 버섯과 함께 숲의 건강을 책임지고 있습니다.

사람이 아닌 자연, 그리고 숲의 입장에서 다시 질문을 던집니다. '버섯이 사라진다면?' 앞에서 언급한 세 가지 생태적 역할을 기준으로 상상해 봅니다. 첫째, 공생성 버섯이 사라지면 생장에 도움을 받지 못하는 나무는 약해지고 병에 걸리기 쉬운 상태가 됩니다. 특히, 어린 시기에 고사하게 될 확률이 높아지지요. 무엇보다 염려되는 것은 공생성 버섯의 연결고리가 사라진 나무들의 공동체가 유지되지 못해 숲이 쉽게 쇠퇴하게 된다는 것입니다. 둘째, 부생성 버섯이 사라지면 숲의 고사한 나무, 나뭇잎 등 유기물이 분해되지 않아 숲의 하층에 서식하는 다양한 생물들의 서식처가 사라지게 됩니다. 그렇게 되면 지구의 물질 순환에도 문제가 생깁니다. 셋째, 기생성 버섯이 사라지면 곤충들의 개체수가 증가할 것이고 수가 많아진 만큼 먹이원이 되는 식물이나 다른 생물들이 피해를 받게 되겠죠. 결국 생태계의 균형이 파괴될 것입니다.

어떤 종류의 버섯이 사라지더라도 연쇄적인 피해를 통해 산림 생태계가 파괴되는 결과를 초래합니다. 산림 생태계의 문제는 결국 전 지구의 문제로 확대되고 인류의 생존에도 큰 위협이 될 수밖에 없지요. 버섯은 현재 식물이나 동물 대비 멸종위기종으로 지정된 종이 매우 적고 보호 대책을 마련하기도 어려운 실정입니다. 또한, 알려지지도 못한 채 사라지는 종도 계속 늘어날 것입니다. 버섯이 사라진 지구를 상상하는 것은 끔찍한 일이며, 이를 균류로 확대해서 본다면 그 문제는 훨씬 더 커질 수밖에 없는 상황입니다.

한 가지 생물을 보호하기 위한 노력은 결국 이와 관련된 수많은 생물을 보호하는 것과 같습니다. 생물 자원의 지속 가능한 이용을 위해 생물학자들은 생물다양성을 확인하고 변화를 관찰하며 서식처를 보전하기 위해 끊임없이 노력해야 합니다. 정말 지구를 지키고 있는 것은 인간이 아닌 수많은 생물임을 잊지 않아야 합니다. 우리와 공존하며 살아가야 하는 생물에 더 많은 관심을 가지길 기대합니다.

9

야외 생물학자 이야기

작지만 강한, 극지미생물 박사 노현주

생물학자 정보

- 이름: 노현주
- 출신지: 서울특별시
- 최종 학위: 이학 박사
- 주요 연구 분야: 지의류 분류·생태
- 직업: 국립호남권생물자원관 전임연구원
- 연구 경력: 15년

- 즐겨 읽는 책: 지의류 도감, 지의류 관련 서적
- 즐겨 찾는 조사지: 우리나라의 모든 섬
- 주요 연구 물품: 채집 기록지, 끌(가죽칼), 망치와 정, 핀셋, 에탄올 튜브, 카메라 등
- 가장 좋아하는 생물 종: 좁쌀비늘꽃지의*Cladonia squamosa*

  → 극지미생물 연구를 본격적으로 시작할 수 있게 해 준 고마운 지의류다. 까맣고 꼬불꼬불 못생겨 보여도 극한 지역인 남극의 곳곳에서 잘 서식하는 강한 힘을 갖고 있다. 힘들 때마다 의지가 되는 생물이다.

내가 좋아하는 좁쌀비늘꽃지의

나의 꿈을 키워 준 'CSI 과학수사대'

고등학교 시절 <CSI 과학수사대>라는 미국 드라마에 심취했습니다. 지금은 여러 매체를 통해 외국 드라마를 보는 일이 어렵지 않지만, 불과 20년 전만 해도 보고 싶은 프로그램을 제 시간에 맞춰 못 보면 비디오테이프에 녹화해 뒀다가 보곤 했습니다. 저는 <CSI 과학수사대>가 너무나 재미있어 녹화해서 보고 또 보고 다시 보기를 반복했습니다.

일상에서 일어날 수 있을 만한 범죄 사건의 실마리를 과학적 근거를 기반으로 풀어 나가는 모습이 너무나 신선했습니다. 더욱이 드라마에 나오는 그리섬 반장은 법곤충학자였는데, 그 덕분에 자연스레 생물학에도 관심을 가지게 되었지요. 그 드라마는 대학 진학에도 영향을 주어서 생물학과에 지원하게 되었고, 박사 학위까지 마치게 되었습니다. 처음에는 법곤충학으로 생물학에 관심을 가지게 되었지만, 어느샌가 눈에 보이지 않는 미생물을 연구하고 있었습니다.

지의류에 대한 궁금증

우리나라에는 남극과 북극을 연구하는 극지연구소가 있습니다. 그곳과 인연이 닿아 지의류라는 생물을 처음 접했고, 지금까지 연구하고 있습니다. 대학교 시절 생물학을 공부하면서 다양한 생물의 분류, 생태, 생리를 배웠습니다. 동물이나 식물 수업도 재미있었지만, 미생물 강의를 들을 때면 어느샌가 수업에 빠져들어 신나게 공부했던 기억이 납니다. 그 모습이 기특해 보였을까요? 분자 미생물학을 담당하시던 교수님께서 극지연구소에 인턴 학생으로 저를 추천해 주셨습니다.

극지연구소에서는 미생물의 분류, 생태, 진화, 생리, 응용 연구까지 복합적인 미생물 연구를 수행하고 있었습니다. 그중에서 저는 분류, 생태, 진화 연구를 수행하는 미생물생태팀에 합류하게 되었습니다. 극지 지역의 균류, 세균의 발굴과 진화 생태 연구를 수행하면서 미생물을 분리하고, 새로운 종의 미생물들을 보고하며, 생리 특성 실험을 통해서 유용한 물질을 발굴하여 실용화하는 연구를 진행하였습니다.

처음에는 식물 병원균에 관한 연구를 수행하였지만, 팀 내에

남극 바톤 반도에 서식하는 지의류인 송라속*Usnea antarctica* (사진 제공: 홍순규)

서 연구하는 지의류라는 생물에 계속 궁금증이 생겼습니다. 마치 식물이나 이끼처럼 생겼지만, 곰팡이와 조류가 공생하는 미생물 공생체이며, 강력한 자외선UV과 저온, 더없이 건조한 극지에 많이 자라고, 특히 초목이나 식물이 드물게 존재하는 남극 지역에 매우 번성하고 있다는 사실이 매력적이었습니다. 이 분류군에 대해 좀 더 공부하고 싶어서 석사 학위 주제도 지의류로 바꿔 그때부터 지금까지 연구를 수행하고 있습니다.

지의地衣류는 '땅의 옷'이라는 뜻을 가진 생물입니다. 다소 생소할 수 있는 생물이지만 예상외로 우리 주변의 산과 바닷가에서 쉽게 찾아볼 수 있습니다. 이끼나 식물로 많이 오해하지만, 균류와 조류가 공생하는 엄연한 미생물 복합체입니다. 쉽게 말해 하

국내에 서식하는 매화나무지의*Parmotrema tinctorum*

국내에 서식하는 하얀지네지의*Physcia orientostellaris*

나의 단일한 생물이 아닌 곰팡이와 녹조류나 남세균 등이 만나 공동 생활을 하는 공생체입니다. 이처럼 종류는 다르지만 서로 도움을 주며 같은 공간에서 함께 살아가는 생물을 공생생물이라고 합니다.

지의류 형성 곰팡이는 서식처와 무기 양분, 수분을 제공하고 조류는 광합성을 하여 탄소원(탄수화물)을 곰팡이에게 제공하는 공생 관계를 이룹니다. 전 세계적으로 1만 9,000여 종이 알려져 있고, 산림, 해안가의 토양, 바위, 수피(나무줄기의 바깥 조직)에 존재하며, 온대, 열대 지방뿐 아니라 극 지역에도 서식하고 있습니다.

극지방에서 살아가는 작지만 강한 지의류

세종기지가 위치한 킹조지섬의 반도에는 대부분의 식생이 지의류와 이끼입니다. 지의류는 종류에 따라 서식지에 차이가 있지만, 주로 암석, 토양, 이끼 위에 서식합니다. 저는 이 중 좁쌀비늘꽃지의*Cladonia squamosa*와 마디꽃지의*Cladonia gracilis*라는 종에 집중하였지요. 두 종의 지의류는 모두 가늘고 긴 엽체(균류와 광합성 공생체로 이루어진 조직)를 가지고 있고 동그란 집단(콜로니) 형태로 생장합니다. 이들은 주로 이끼 위에서 자라기 때문에, 그들이 사는 환경에서 함께 서식합니다. 두 종은 비슷한 형태와 색을

남극 바톤 반도의 좁쌀비늘꽃지의*Cladonia squamosa*(사진 제공: 홍순규)

남극 바톤 반도의 마디꽃지의*Cladonia gracilis*(사진 제공: 홍순규)

가지고 있는데, 이들을 구별하기 위한 특징 중 하나는 비늘소엽 squamule이라는 작은 비늘 모양 형태의 유무입니다. 이것은 남극의 거센 바람에 잘 손상되어 두 종을 현장에서 분류하는 것에 한계가 있지만, 유전 정보를 이용한 분자계통학적 분석을 통해서는 서로 다른 종임을 명확히 확인할 수 있습니다.

더 나아가, 이들 두 종의 분포 특성과 환경과의 연관성이 궁금했습니다. 이를 위해 서식지의 지형, 미기후(microclimate, 주변 환경과는 다른 특정 부분의 미시적인 기후), 주변 식생을 조사하고, 그 자료를 바탕으로 다양한 분석 기법을 활용해 연구를 수행했습니다. 그 결과, 겨울이 지나면 바람의 영향으로 눈이 적게 쌓인 서쪽 사면의 눈이 동쪽 사면보다 더 빨리 녹아 춥고 건조한 환경에 노출되고, 동쪽 사면은 아직 눈에 덮여 따뜻하고 습한 환경이 지속되는 것을 알 수 있었습니다. 이러한 패턴이 반복되면서 서쪽 사면에는 건조한 환경을 선호하는 식생이, 동쪽 사면에는 습한 환경을 선호하는 식생이 점점 우세할 것으로 예측할 수 있었습니다.

또 다른 주제는 극 지역에 서식하는 지의류 내생 미생물에 관한 연구입니다. 공생 관계를 이루는 지의류 내에는 지의류 형성 곰팡이 이외에 다양한 곰팡이, 조류 그리고 세균까지도 함께 서식하고 있습니다. 박사 학위 과정 동안 지의류 내에 어떠한 미생물들이 함께 존재하고 어떤 역할을 하면서 공생하는지 연구했습니다.

연구는 크게 미생물 배양법과 비배양법으로 구분됩니다. 배양 연구는 곰팡이, 조류, 세균을 키우기에 적합한 배지를 만들어서 지의류와 연관되는 미생물을 분리하는 것입니다. 이렇게 분리한 미생물로 형태적, 화학적, 생리적, 계통학적 특성들을 분석하여 새로운 종을 밝혀내는 성과를 얻었습니다. 비배양 연구는 최근에 많이 수행하고 있는 차세대 염기서열 분석법을 이용했습니다. 이것은 배양 방법으로 연구했을 때의 단점을 보완하고, 실제 환경에서 지의류와 연관된 미생물을 더 정확하게 파악할 수 있는 장점이 있습니다. 대용량의 유전자 염기서열을 분석할 수 있는 장점도 있어서 토양이나 해수 등 환경 시료로부터 미생물 군집의 다양성을 확인하는 방법으로 주로 사용되고 있습니다. 지의류 역시 다양한 미생물의 복합체로 이러한 염기서열 분석 방법을 통해 미생물의 군집을 확인하는 연구가 활발히 진행되고 있습니다.

아라온호와 함께한 남극 탐험의 기억

남극 세종과학기지가 위치한 바톤 반도에서 지의류 연구를 수행하다 운 좋게 2012년에 남극의 테라노바만 지역 조사에 참여

남극 바톤 반도에서의 지의류 현장 조사

하게 되었습니다. 남극의 두 번째 과학기지인 장보고과학기지가 위치한 곳이지요. 테라노바만에 가기 위해서 뉴질랜드 크라이스트처치 지역에서 쇄빙선인 아라온호를 타고 10여 일 동안 항해했습니다. 첫날은 멀미로 심하게 고생하였지만, 다행히 배에 금방 적응했습니다. 멀미가 심한 일부 연구자는 10일 내내 고생하기도 했지요. 참고로 쇄빙선은 '얼음을 깨는 배'로 남극해와 북극해처럼 얼어 있는 바다에서도 항해가 가능한 선박입니다.

항해하는 동안 첫 번째 임무를 수행하였습니다. 바로 해양 미생물 분석을 위한 시료 확보였습니다. 해양 미생물 분석을 위해 표층수 시료를 8시간 간격으로 채수하여 필터링을 통해 시료를 보존하는 일을 했습니다. 또 남극 해양 환경 분석을 위해 원격 채

아라온호의 원격 채수 시스템과 해수 시료 확보 모습

수 시스템CTD: Conductivity, Temperature, Depth 장비를 통해 얻은 깊이별 해수 시료를 확보하여 연구실에서 분석할 수 있도록 필터링 작업을 수행했습니다. 장기간 축적된 퇴적토 내 미생물 다양성을 확인하기 위해 시료를 얻어 보존하는 업무도 수행했고요. 아라온호에서 해양 미생물 연구용 시료를 확보하며 10일간의 이동 항해를 마쳤고, 테라노바만에 도착하여 본격적인 업무가 시작되었습니다.

조사하는 동안은 아라온호가 연구실이자 집의 역할을 했습니다. 현장 조사를 할 때는 테라노바만으로 이동하지요. 아라온호는 육상에 댈 수가 없어 매일 헬기를 타고 이동해야만 했습니다. 일주일간 안전교육을 받고 왔지만, 처음 헬기를 탔을 때는 무서

테라노바만으로 이동하는 헬기에서 본 아라온호 모습

움과 긴장의 연속이었습니다. 2~3일 정도 지나니 그제야 조금씩 익숙해지고 주변의 모습들이 눈에 들어왔지요. 하늘에서 바라본 남극의 풍경은 글로 표현하기 어렵네요. 그저 '아름답다'는 단어만 생각나고 지금까지도 잊을 수 없는 기억입니다.

테라노바만의 육상 환경 연구에서는 주로 토양 샘플링을 수행하였고, 저의 관심 연구 분야인 지의류도 틈틈이 조사했습니다. 이전에 서남극의 킹조지섬 바톤 반도에서 현장 조사한 경험이 있었기에 동남극인 테라노바만과 육상 식생의 차이를 체감할 수 있었습니다. 주된 육상 식생인 지의류와 이끼가 매우 풍부하고 종 다양성이 높은 서남극의 바톤 반도와 비교해 동남극의 육상 식생은 상대적으로 드물고 암석에 서식하는 지의류가 대부분인 것을 확인할 수 있었지요. 남극 내에서 지역 간 육상 식생의 차이를 직접 눈으로 확인할 수 있는 값진 경험이었습니다.

이후 모든 연구 일정을 소화하고 뉴질랜드 크라이스트처치로 다시 돌아가는 도중에, '정우 2호'라는 한국 어선이 남극에서 조업하다가 화재로 조난되었다는 사실을 알게 되었습니다. 선원 3명이 실종되고 6명이 중경상을 입고 조난된 상태였지요. 아라온호는 선원 구조 활동에 참여하게 되었고, 다행히 안전하게 선원들을 구조했습니다. 직접 구조 활동에 참여한 것은 아니지만 두렵고 긴장된 마음은 뉴질랜드 크라이스트처치에 도착할 때까지 풀리지 않았습니다.

많은 조사 활동 중에 남극 조사가 특히 기억에 남는 이유는 쉽게 경험해 볼 수 없는 공간을 탐사했다는 것도 있지만, 무엇보다도 여러 분야의 연구자를 만나 협업을 한 기억 때문인 것 같습니다. 각자의 연구 성과를 주고받으며 새로운 아이디어를 주기도 하고, 힘든 순간에는 서로를 위로하고 격려했던 기억이 지금도 연구 활동에 큰 원동력이 됩니다.

미지의 땅, 한국의 섬들

지의류는 사람들에게 잘 알려지지 않은 생물이고, 알고 있다고 하더라도 식물이나 이끼로 오해하여 잘못 알려진 경우가 대부분입니다. 사실 산림이나 해안가, 하물며 도시에서도 쉽게 발견할 수 있는데 말이죠. 대학원 시절에는 극지에 서식하는 지의류에 관해 연구를 수행했지만, 요즘은 국내 지의류 연구를 시작했습니다. 쉬는 날 가까운 산이나 해안가를 찾아 쉴 때도 항상 관심은 지의류 찾기입니다.

특히, 지의류를 찾기 위해 섬 지역을 자주 방문합니다. 우리나라는 삼면이 바다로 둘러싸여 세계에서 네 번째로 많은 3,348개의 섬을 갖고 있습니다. 섬은 고립된 환경으로써 섬 특이적인 생태계가 조성되는 특징이 있지만, 내륙과 비교해 접근이 쉽지 않기 때문에 연구가 거의 이루어지지 못하고 있습니다. 새로운 것을 밝힐 기회가 많다는 것은 생물을 연구하는 연구자에게는 정말 매력적인 환경입니다.

최근에는 진도, 완도, 증도, 남해도, 울릉도 등 국내 남해권, 동해권 섬을 방문하여 지의류 조사를 수행하고 있습니다. 지의류 내생 미생물 연구를 위해 배양 실험으로 미발굴 미생물을 확보하여 지의류 내생 미생물의 다양성을 연구하는 노력도 하고요. 비교적 단순한 환경인 남극에 서식하는 지의류 연구를 통해 확인했던 결과를 국내 지의류 연구에도 적용하고 성과를 낼 수 있다는 것에 자부심을 느끼며, 저의 연구는 지금도 진행 중입니다.

지의류 연구에 필요한 것들

지의류는 주로 나무 수피, 암석, 토양 위 등 다양한 곳에서 서식하기 때문에, 채집하고자 하는 지의류에 따라서 사용하는 장비도 달라집니다. 남극 지의류들은 주로 이끼와 토양 위에 서식하고 있어 일명 맥가이버칼로 불리는 다용도 칼만으로도 간단히 채집할 수 있는 경우가 많습니다. 작은 암석 위에 부착하여 자라는 경우도 채집이 쉽지만, 큰 암석이나 수피에 서식하는 지의류 채취에는 망치와 정, 가죽칼이 필요합니다.

채집한 지의류는 먼지가 적은 실험용 휴지에 감싼 뒤 종이봉투에 넣어 둡니다. 채집만큼이나 중요한 것은 채집 기록지를 작성하는 것입니다. 주로 시료 번호, 채집 장소, 위치GPS 정보, 채집 일시, 채집자, 특징, 주변 환경 등을 기록합니다.

또한 현장에서 서식하는 상태 그대로 사진을 찍어 두는 것이 좋습니다. 지의류 자체의 사진을 얻는 것도 중요하지만, 서식지 주변의 환경도 함께 촬영하면 연구에 많은 도움이 됩니다. 지의류 내생 미생물의 다양성과 생태학적 역할을 이해하기 위해서는 주변의 환경 정보가 중요한 요소로 고려될 때도 있고, 분석하다 보면 현장 상황에 대한 이해가 필요할 때도 있기 때문입니다. 스케일 바scale bar 또는 동전 등을 함께 놓고 촬영하면 크기를 가늠할 수 있습니다.

또한, 지의류 주변 서식 환경 등 중요한 정보는 최대한 많이 확인하고 기재하려고 노력합니다. 현장에서 채취한 지의류는 실험실로 가져와서 건조기를 이용하지 않고 실내에서 자연 건조한 후 표본을 제작합니다. 건조기를 사용하면 열로 인해 표본이 변색되어 보존 가치가 없어지기 때문입니다.

추가로 지의류 내생 미생물 연구를 수행하려면 현장에서 시료를 바로 고정해야 합니다. 에탄올을 담은 튜브에 시료를 바로 넣어서 이동하고 실험실에서 미생물 다양성 분석을 수행합니다. 또한 지의류 내생 미생물의 배양을 위해서는 현장에서 조금 뜯어 두었다가 실험실로 이동하여 최대한 빨리 배양을 시작합니다. 지의류 내에는 곰팡이, 조류, 세균이 함께 존재하기 때문에 분리하고자 하는 생물에 맞추어 배지를 제작합니다. 지의류 내생 미생물은 느리게 자라는 특징이 있어 저온에서 오랫동안 기르게 되면 보고되지 않은 미발굴 미생물을 발견할 가능성이 커지기도 합니다.

지의류 연구자의 조사·연구 용품

카메라: 지의류 연구를 위해 사진 촬영은 필수이다.

휴대용 확대경: 휴대용으로 야외에서 지의류를 자세히 관찰하기 위해 사용한다.

채집 도구: 가죽칼, 끌, 다용도 칼, 망치와 정 등 다양한 채집 도구가 활용된다.

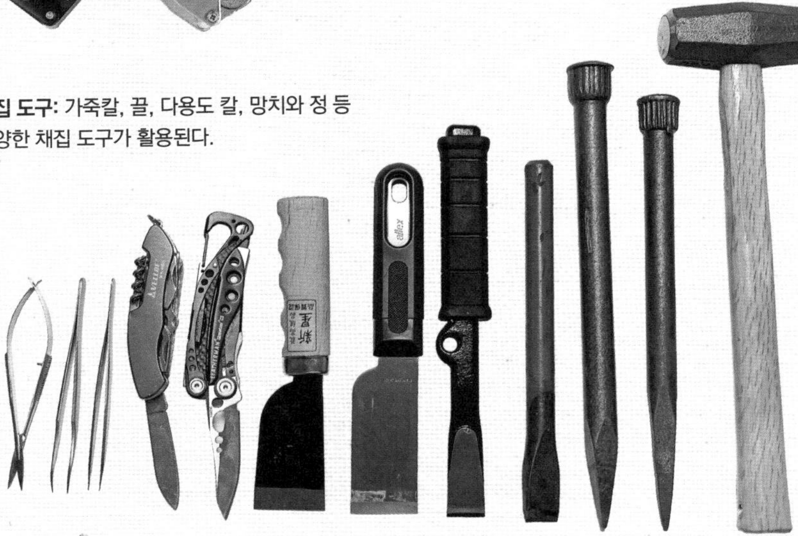

전정 가위: 식물 등의 특정 부위를 끊어 낼 때 사용한다.

채집 봉투: 채집한 지의류를 실험용 휴지에 싸서 봉투에 담아 이동한다.

야외 생물학자를 꿈꾸는 10대에게

저의 생물 공부는 단순한 궁금증에서 출발했습니다. 가끔은 과학자로서 성장하여 오롯이 서야 한다는 것에 두려움도 있었습니다. 막막하고 의기소침해질 때면 지도교수님을 찾아가 고민을 나눴습니다. 그때마다 교수님은 툭툭 털고 일어나 다시 공부할 수 있는 용기를 주셨습니다. 그중에 가장 깊게 공감한 이야기를 전해 드리고 싶습니다.

'과학이란 전 세계의 수많은 과학자가 협력해서 벽돌로 집을 짓는 과정과 비슷하지. 각자 가진 벽돌의 크기는 저마다 다르지만, 집을 짓기 위해 함께 노력하는 마음의 크기는 같아. 때론, 튼튼하다고 믿었던 벽돌이 부서져 위에 쌓았던 벽돌까지 허물기도 하지만, 그건 실패가 아니라 시행착오라고 생각하면 돼. 그 덕분에 더 견고한 집을 만들 고민을 할 수 있으니까.'

생물에 대한 순수한 관심과 호기심이 있고, 다른 연구자들과 협력할 열린 마음만 있다면, 누구든 생물학자가 될 수 있습니다. 이 글을 읽는 여러분 중에서도 작은 벽돌이든 큰 벽돌이든 함께 멋있는 집을 지을 수 있는 생물 분야의 건축가가 탄생하길 기대해 봅니다.

생물 이야기

황사를 막는 지의류

언젠가부터 추운 겨울이 지나고 따뜻한 봄기운이 움틀 대면 우리는 황사 걱정을 합니다. 해가 갈수록 황사의 빈도가 늘고, 심지어 늦가을과 겨울에도 발생합니다.

황사는 바람으로 인해 미세한 모래 입자가 대기 중에 퍼져 있다가 서서히 가라앉는 현상이나 모래흙이 떨어지는 것을 말합니다. 우리나라에 불어오는 황사는 주로 몽골과 중국의 고비사막, 내몽골고원과 같은 건조한 사막 지역에서 시작되지요. 황사는 알레르기와 천식 등 호흡기 질환과 안구 질환을 유발하여 기관지가 좋지 않은 사람에게는 치명적입니다. 식물의 숨구멍인 기공도 막아 생장을 저해시킵니다. 황사에 중금속과 발암물질을 포함한 독성 물질이 포함되어 있다면 더 치명적입니다. 항공기 엔진과 반도체와 같은 정밀한 기계의 고장도 유발해 우리 생활의 안전을 위협하기도 합니다.

그렇다면 황사를 막을 방법은 없을까요? 근본적인 원인은 몽골과 중국에서 사막화가 빠르게 진행되기 때문입니다. 중국은 토양의 사막화를 막기 위해서 인위적인 식생 복원을 시도해 왔습니다. 자연적인 천이 과정을 건너뛰고 수목만을 이식하다 보니 처음에는 효과가 있었지만, 많은 양의 물이 지속해서 공급되지 않아 이식한 나무가 죽으면서 건조한 사막 지역으로 급속히 바뀌게 되었습니다. 결국, 사막화가 더욱 심해지게 된 셈이죠.

인공 식재로 사막을 복원하는 한계점을 보완하고자, 과학자들은 자연적인 생물토양 피막biological soil crust을 대안으로 생각했습니다. 생물토양 피막은 주로 지의류, 남조류, 이끼 등으로 구성된 미생물 복합체입니다. 이들은 고온, 건조, 영양이 부족한 환경에서도 매우 적은 양의 수분으로 생존할 수 있습니다. 생물토양 피막은 토양의 표면을 딱딱하게 굳게 해 바람이 불어도 모래흙이 날리지 않게 하고, 시간이 갈수록 토양을 비옥하게 만들지요.

이것도 단점이 있습니다. 건조한 지역에서 자연적으로 생물토양 피막이 형성되려면 수십 년, 많게는 수백 년의 시간이 필요합니다. 이런 문제점을 인식하고 과학자들은 생물토양 피막 복합체를 만들어 사막에 이식하는 방법을 고안했습니다. 실험실에서 인공적으로 남조류와 지의류 복합체(균류와 조류)를 만들어 사막에 이식하는 환경 친화적인 방법으로 생물토양 피막 형성을 빠르게 진행시킨 것이지요. 인위적으로 수목만을 이식하는 것보다 훨씬 안정적인 효과를 낼 수 있었어요. 사막에 안정화된 인공적 생물토양 피막은 천이 단계의 첫 번째 생물을 짧은 시간에 안정화해 다음 천이 단계로 빠르게 발달할 수 있게 도와줍니다.

산업화로 인한 토지 개간, 삼림 벌목, 지나친 목축으로 인해 진행되는 사막화를 해결하는 근본적인 방법이 하등하다고만 생각했던 작은 미생물에 있었습니다. 이들이 매년 찾아오는 불청객인 황사로부터 우리를 지켜 줄 수 있다고 생각하니 정말 작지만 강한 미생물이라는 생각이 듭니다.

어떤 생물체도 살아갈 수 없을 것 같은 혹독한 환경에서 작은 미생물들은 서로 협력하여 생물들이 살 수 있는 환경으로 만들고 있습니다. 이것은 작은 미생물에게 우리들이 배워야 할 중요한 가치가 아닐까 생각해 봅니다.

10

야외 생물학자 이야기

또 다른 생물 분류의 개척자,
유전자 박사 진선덕

생물학자 정보

- 이름: 진선덕
- 출신지: 서울특별시
- 최종 학위: 농학 박사
- 주요 연구 분야: 생물 분자 생태
- 직업: 국립생태원 선임연구원
- 연구 경력: 20년

- 즐겨 읽는 책: 『이기적 유전자』, 『미토콘드리아』, 『상식 밖의 유전자』, 『조상 이야기』, 생물도감류 등
- 즐겨 찾는 조사지: 전국 섬 지역, 강원도 점봉산, 전라남도 구례군, 제주도 등
- 주요 연구 물품: PCR 증폭기, 피펫, 현미경, 샘플링 도구 등
- 가장 좋아하는 생물 종: 독수리*Aegypius monachus*
  → 하늘의 제왕이라고 알려졌지만 실제로는 사냥 능력이 없고 사체를 주워 먹는다. 큰 덩치와는 달리 순하고 무리 지어 생활한다. 진화와 생태적 습성이 특이해서 새로운 연구로 빠져들게 해 준 고마운 녀석이다.

내가 좋아하는 독수리

닭과의 악연, 새와의 인연

방학 동안만이라도 밥 잘 챙겨 먹으라는 맞벌이 부모님의 배려였을까요? 방학이 되면 늘 경기도 안성에 있는 할머니 댁에서 지냈습니다. 그곳에서 만난 친구들과 물고기, 개구리 등을 잡고 산으로 들로 다니면서 지내다 보니 자연스레 생물들과 접하게 되었고 자연 속에 동화되었습니다. 그때 궁금했던 것들이 어렴풋이 기억납니다. '이 녀석은 어떻게 산간 계곡까지 올라왔을까?', '이렇게 많은 생물은 어떻게 만들어졌을까?' 제 호기심과 상상력을 자극하는 것이 무궁무진했습니다. 그런 이유 때문인지 할머니 댁에서 지내는 시간이 너무 즐거웠습니다.

모든 생물이 좋았던 것은 아닙니다. 할아버지가 집에 닭을 풀어 키우면서 조류 공포증이 생기게 되었지요. 유독 한 녀석이 저만 쫓아다니며 공격하고, 그 닭을 피해 도망 다니기 일쑤였습니다. 참다못해, '저 닭을 닭장에 가두든지 다른 집으로 당장 보내

조류 공포증을 안겨 준 수탉

주세요.'라고 할아버지께 울며불며 작심하고 말했습니다. 할아버지는 바로 장에 팔러 간다고 하셨지요. 며칠 뒤 밥상에 커다란 토종닭 백숙이 올라왔고, 직감적으로 그 닭이라는 걸 알게 되었습니다. 그 후로 닭백숙은 입에도 대지 않습니다.

세월이 흘러 군 복무를 마치고 돌아가신 할아버지의 산소를 찾은 어느 날이었습니다. 할아버지께 인사를 드리고 내려오는데, 덩치가 팔뚝만 하고 부리가 긴 어린 새 한 마리가 덩굴에 엉켜 움직이질 못하고 있었습니다. 워낙 새를 무서워했지만 살려야만 할 것 같아 조심스레 꺼내어 구해 주었습니다. 두 손에 안긴 그 새의 따뜻한 온기와 가슴에서 느껴지는 심장 소리는 아직도 잊을 수 없습니다. 지금 생각해 보니 검은댕기해오라기였어요.

검은댕기해오라기

조류 공포증은 어느새 사라졌고, 새에 대한 애착까지 생겨 버렸습니다.

우연히 구해 준 새와의 인연 덕분일까요? 휴학 전에는 보이지 않던 조류연구실이 학교 내에 있다는 걸 알게 되었고, 운명처럼 연구실에 지원하여 공부를 시작했습니다. 새를 조사하러 야외에 나가는 것은 공부라기보다 마치 여행을 다니는 느낌이었습니다. 선배들과 산, 들, 바다를 다니며 적성을 찾았다고 생각했습니다. 조류도감을 보며 새들의 종류를 하나하나 알아가는 것이 즐거웠습니다. 특히, 귀엽고 조그마한 솔새류를 보며 매력에 푹 빠졌습니다.

이 분야에 대해서 더욱 깊이 공부해야겠다고 결심한 데에는,

작고 귀여워 한눈에 반했던 노랑눈썹솔새

새에 미친 사람처럼 새를 만나기 위해 거의 매일 전국을 돌아다니던 한 선배의 모습이 크게 작용했습니다. '한 분야에 이렇게 몰두할 수도 있구나.', '나는 이렇게 열정적으로 살았던 적이 있었을까?' 등 여러 생각이 머리를 복잡하게 했습니다. 대학교를 졸업할 무렵, 부모님께서는 취업을 권유하셨습니다. 고민이 많았지만 공부가 이토록 즐거웠던 적은 처음이라 생물학과 대학원 진학을 포기할 수 없었습니다. 생물학 공부에 대한 확고한 포부를 부모님께 말씀드리고 대학원에 진학했지요. 제가 하고 싶은 걸 처음으로 자신 있게 말씀드릴 수 있었던 스물다섯 시절의 이야기입니다.

새로운 길이 아닌, 같은 길을 넓혀 주는 유전자 연구

대학원 생활은 만만치 않았습니다. 연구 프로젝트 운영, 연구 주제 설정, 수업 과제 수행, 조교 활동 등 정말 할 일이 끝도 없었죠. 그동안의 학교 생활은 정말 편하게 한 거였구나 싶었습니다. 연구 주제를 결정하는 시기에는 동료 대부분이 조류 생태로 정했지만, 저는 새를 포함한 생물군의 진화와 생리적 메커니즘에 관심이 있어 조류의 체내 중금속 축적에 관한 연구를 진행하게 되었습니다. 야외 조사와 실험실 실험을 동시에 진행해야 하는 어려운 길을 걷게 되었지요. 인고의 노력 끝에 석사 과정을 마치고 대전에 있는 국립중앙과학관에서 위촉연구원으로 근무하게 되었습니다. 그 무렵 또 한 번의 갈림길이 나왔습니다. 박사 과정에 들어가고 싶은데 어떤 주제를 선택해야 하는지 고민이었죠.

국립중앙과학관에서 저의 업무는 생물다양성을 확보하고 정보를 관리하는 일이었습니다. 그때 당시 전 세계적으로 큰 이슈였던 DNA 바코드barcode 연구를 자연스럽게 접하게 되었지요. 그때만 하더라도 국내 야생조류를 대상으로 유전자 분석 실험을 하는 곳이 없었고, 남들이 가지 않는 길이지만 도전하기로 마음먹었습니다. 지름길로 가면 빠르겠지만 둘러 가면 조금은 더디더라도 더 많은 것을 볼 수 있을 거란 심정으로 말이죠. 체계적으로 연구하기 위해 충남대 동물자원학과 박사 과정에 진학했고,

분자생물학을 처음 접하게 되었습니다.

처음 낯선 실험실 문을 빼꼼 열고 들어갔던 그날의 기억이 아직도 생생합니다. 처음 보는 실험 기자재와 시약들, 그리고 실험을 위해 바쁘게 움직이는 연구원들을 멀뚱히 바라보며 어리바리했던 모습이 떠오릅니다. 마치 어머니의 손을 붙잡고 유치원에 처음 들어간 것처럼 긴장되고 설렜던 순간이었습니다. 한편으로 새가 좋아 늘 야외로 다니며 활발하게 움직이던 제가 실험실의 정적인 연구에 과연 잘 적응할 수 있을지 걱정스러웠습니다.

실험의 기초인 피펫팅pipetting 연습부터 시작해 DNA 구조와 분석 방법 등 대학교 때 배웠던 생명과학 교재를 다시 꺼내 보며 일과 학업을 병행했습니다. 새로운 길이었기에 쉽지 않은 시간의 연속이었지만, 어느 날 지도교수님이 명쾌한 해답을 주셨습니다. '생물 종을 형태학적으로 분류하던 자네가 유전자 바코드를 제작하여 분자생물학적으로 분류하는 것은 여러 기술 중 하나이고, 기존에 해 왔던 연구 결과와 합쳐진다면 새롭고 좋은 결과가 나올 테니 기술을 익힌다고 생각해.'라고 말이죠. 기존에 야외에서 수행했던 생물 연구가 쓸모없는 것이 아니라 지금의 연구에 기반이 되고, 앞으로 가려는 길이 새로운 길이 아니라 기존 연구의 확장이라는 생각에 더욱 흥미가 생기고 동기부여가 되었습니다. 4년이 흘러 박사 학위를 취득했고, 분자생물학을 연구하면 할수록 야외에서의 생물 연구가 소중한 경험이라는 걸 절실히 느낍니다.

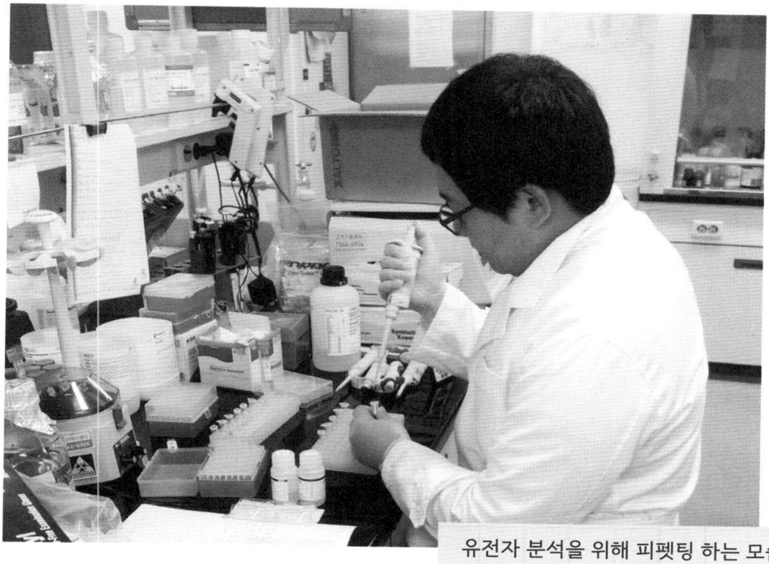

유전자 분석을 위해 피펫팅 하는 모습

유전자로 현장 연구의 과학적 근거를 마련하다

그동안 주로 생물 종의 분자생물학적 분류를 위한 DNA 바코드 연구를 진행했습니다. DNA 바코드란 생물 종을 신속하고 정확하게 판별하기 위한 표준화된 방법으로 생물 종의 특정 DNA 서열 부위를 이용하여 분류하는 것입니다. 이 방법의 최종 목표는 생물 종에 대한 이동형 식별 기기를 개발하여 조사지에서 채집한 깃털, 작은 곤충 등을 통해 종 식별을 손쉽게 하고 정확한 생물 종을 파악하는 데 사용하는 것입니다. 그러나 이러한 기기

개발을 위해서는 분류가 되지 않은 많은 종의 분류 연구가 먼저 이루어져야 합니다.

그동안 야생동물 생태학을 바탕으로 분자 생태학적 연구를 진행하였는데, 예를 들어 국내 어류, 곤충, 조개류 156종 529개체의 유전자 서열 DNA 바코드를 만들어 이들의 계통 발생학적 관계를 연구했습니다. 또 알 수 없는 이유로 죽은 맹금류 사체를 번식기인 여름철에 발견하여, DNA 바코드 기술로 왕새매 종이라는 것을 판별하고 1968년 이후 43년 만에 경기도 파주에서 왕새매가 번식했을 가능성을 제시했습니다.

물론, 항상 뜻대로 분석 결과가 도출되는 것은 아닙니다. 흰뺨검둥오리와 청둥오리, 그리고 이와 비슷한 사육 종 집오리 간의 유사성을 연구했을 때, 일반적인 새를 구분하는 DNA 바코드 부위로는 구분이 되지 않는다는 사실을 알았습니다. 겉모습으로는 확연한 차이를 나타내는데 말이죠. 이러한 연구도 특이한 발견이라서 나름대로 의미가 있습니다. 이후 후속 연구가 많이 진행되어 현재는 정확한 분류를 할 수 있는 유전자 부위를 찾아냈다고 합니다.

이처럼 특정 유전자 부위를 분석하여 생물 종의 판별뿐 아니라 생물 종 집단 간의 차이를 통해 생물의 번식 집단 및 군집 구조 분석, 특이한 생태 특성의 유전적 진화 원인, 멸종위기종의 보전 전략 등을 밝힙니다. 예를 들어 멸종위기종 노랑부리백로는

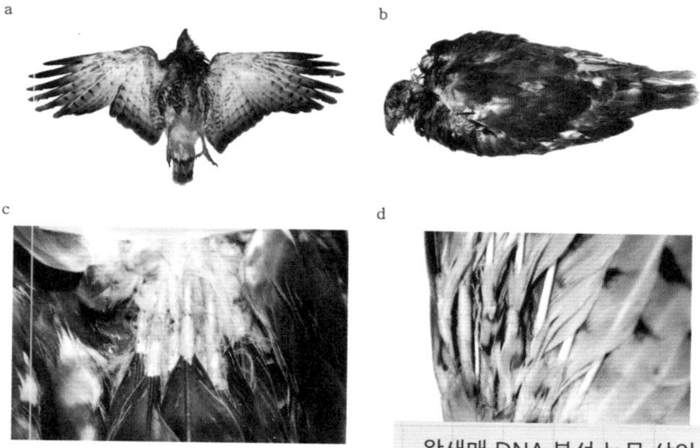

왕새매 DNA 분석 논문 삽입 사진

청둥오리

흰뺨검둥오리

우리나라 서해안에 번식하는데 5개의 섬에서 채집한 DNA 시료를 분석한 결과 3개의 군집 집단으로 나뉘고 그중 한 집단은 다른 섬과 교류가 없는 단일 집단으로 파악되었습니다. 이러한 결과는 이들의 번식지 관리, 유전자 교류, 번식지의 유지 여부 등을 파악하는 기반이 되었습니다. 또한, 우리나라에서 번식하는 괭이갈매기의 번식지를 동쪽, 남쪽, 서쪽 바다에서 시료를 채집하여 분석한 결과 이들은 3개 방위별로 집단을 형성하는 것이 아니라 2개의 유전자 집단으로 구분되는 것으로 나타났습니다. 이들 번식지는 서쪽과 동쪽에서 차이가 있고 남쪽의 경우 동쪽 번식 집단과 유전자 교류가 있음을 증명하였습니다.

그뿐이 아닙니다. 우리나라에서 월동하는 독수리의 유전체 비교진화 분석을 통해 면역 반응에 중요한 역할을 하는 유전자가 발달되어 있음을 밝혀내었습니다. 이러한 연구는 그간 현장에서 바라보던 생물의 행동 유래, 집단을 이루는 이유, 계통 분류, 생물 지리적 분포, 보전생물학 등을 간접적으로 알 수 있는 계기가 됩니다.

야생동물 유전체 지도 제작을 꿈꾸며

현재는 국립생태원에서 '국가 장기생태 연구'와 '인간 활동 변

광이갈매기

독수리

화가 제비에 미치는 영향 연구'의 과제 책임자로 근무하고 있습니다. 국가 장기생태 연구는 전 세계적으로 추진되고 있는 사업으로 우리나라 생태계가 어떻게 변화되고 있는지를 특정 지역 내에서 측정하여 변화를 살펴보고 그 자료를 통해 기후 변화, 환경 변화 등이 생태계에 어떤 영향을 미치는지 파악하는 연구입니다.

제비 연구는 민가에서 번식하는 제비가 살아가는 데 가장 큰 영향을 미치는 것이 인간이기 때문에 인간 활동을 중심으로 농사 시기, 인가 주변의 온도와 습도, 차량의 통행량, 사람들의 일과 등이 제비에게 어떤 영향을 미치고 이들의 보전을 위해 사람들이 어떻게 해야 하는지를 제시하는 연구를 진행합니다.

여기에 저의 관심 연구 분야를 접목하려 노력 중입니다. 가장 하고 싶은 연구는 생태 특이적 야생동물의 유전체 지도를 만들고 비교·분석하는 것입니다. 먹이 섭식에 불편한 부리 모양을 가진 저어새, 직접 사냥하지 못하는 독수리, 날아다니는 포유류 박쥐 등 특이적 생태 특성을 가진 야생동물의 유전 정보를 해독하고 싶습니다. 이러한 결과를 비슷한 동물군과 비교·분석하여 특이적 생태 특성에 관여하는 유전 정보를 확보하고 생태 진화적으로 해석하여 멸종 가속화의 원인 및 진화적 연결 고리 등을 규명하는 비교유전체학 연구가 최종 목표입니다.

어린 제비

제비 둥지

몽골 조류 조사 장면

가장 흥미로웠던 독수리 연구

2007년부터 몽골대학교, 문화재청, 한국조류보호협회, 게놈연구재단, 한국생명공학연구원 등 다양한 기관과 협업으로 독수리 연구를 진행했습니다. 몽골의 독수리 번식지 현장 조사와 국내에서 월동하는 독수리의 생태 연구를 진행하던 중 한국연구재단에 응모한 독수리 유전체 연구가 채택되었습니다. 한국조류보호협회의 협조로 독수리 혈액을 받아서 전장 유전체와 혈액 내 전사체를 분석했던 연구입니다.

독수리는 국제적인 멸종위기종이고 지구상에서 가장 큰 맹금

몽골에서 관찰한 나이 많은 독수리

류 중 하나이지만, 사냥 능력이 없습니다. 다른 맹수들이 먹고 남기거나 사고로 죽은 동물 사체를 먹고 살지요. 그래서 이들을 청소동물scavengers이라 부릅니다. 그런데 이렇게 사체를 먹으면 질병에 전염될 확률이 높을 거 같은데, 독수리는 질병에 강한 면역력을 가지고 있어서 그 이유가 궁금했습니다.

이러한 의문점에서 출발하여 당시 연구진들과 독수리 유전체를 다른 동물의 유전체 16종과 비교·분석하였습니다. 그 결과, 위산 분비에 중요한 역할을 하는 유전자 부위에 다른 동물과 달리 많은 변이가 있고 이는 독수리를 포함한 다른 수리류에서 나타났습니다. 대부분의 수리류를 포함한 맹금류는 강한 위산을 분비하는 것으로 알려져 있었는데, 이를 유전체 분석을 통해 증명한 것입니다. 또한 전사체 분석으로 기러기류와 비교한 결과 면역 시스템 관련 전사체가 상대적으로 많이 존재하는 것을 확인하였습니다.

이러한 연구 결과는 2015년 국제적으로 유명한 학술지 《게놈 생물학Genome biology》에 게재되는 결실을 보았습니다. 이 연구는 야외 생태학을 기반으로 한 궁금증을 가설로 만들 수 있어 가능했고, 그것을 과학적으로 증명할 수 있는 분자생태학 분야가 있어 궁금증을 해결할 수 있었습니다.

섬을 즐겨 찾는 이유

분자생태학 연구는 목적과 대상 종에 따라 조사 지역이 달라집니다. 특히, 계통지리적 차이를 연구하기 위해서는 섬처럼 서식지가 단절된 지역이 유리합니다. 섬은 고립된 생태계이기 때문에 육지와 다른 생태적 특징을 가지고 있어 그곳에 오랫동안 서식하는 종의 경우 유전적 차이를 예상할 수 있습니다. 최근에는 육지 내에서도 이러한 '섬 생물지리학' 연구를 적용할 수 있습니다. 우리에게는 섬처럼 보이지 않아도 고산지대, 개발로 인해 파편화된 숲, 도심 공원 등은 어떤 생물에게는 섬과 같은 역할을 할 수 있기 때문입니다.

찰스 다윈에게 영감을 준 갈라파고스 제도의 핀치새는 아주 유명하지요. 이곳에 사는 핀치새들의 부리 모양이 서로 달랐습니다. 여러 섬으로 이루어진 갈라파고스 제도에 사는 핀치새는 먹이에 따라 부리 모양이 달라졌고, 오랫동안 서로 다른 서식 환경에 적응하면서 새로운 계통으로 나누어졌던 것입니다. 이후 2015년 연구자들이 갈라파고스 제도에 사는 핀치새 120마리의 부리 특징과 유전자를 분자생태학 연구를 통해 분석한 결과 'ALX1'이라는 머리 모양을 결정하는 유전자에 다양한 변이가 있는 것을 밝혔습니다. 이 내용은 세계적 과학 잡지인 《네이처 Nature》에 게재되었습니다.

처음 생물학 공부를 시작했을 때도 새를 만나기 위해 여러 섬을 찾아다녔습니다. 장거리를 이동하는 새들에게 섬은 잠시 쉬어 갈 수 있는 휴게소 역할을 하는 곳이라서 봄과 가을 새들의 이동 시기에는 다양한 새를 만날 수 있습니다. 게다가 유전학적으로 연구할 주제가 무궁무진해서 너무나 흥미로운 곳입니다. 제가 섬을 즐겨 찾을 수밖에 없는 이유입니다.

유전자 연구에 필요한 것들

생물의 생태를 파악하고 DNA를 추출하여 이들의 행동 생태, 집단유전, 계통분류학, 생물지리학, 보전생물학, 진화생물학 등을 연구하는 학문을 크게 분자생태학 분야라고 합니다. 실험동물 기반의 실험실 연구가 아닌 야생생물을 기반으로 연구하다 보니 현장 연구와 실험실 연구로 나뉩니다. 그간의 야생생물 생태 연구를 바탕으로 궁금한 부분을 찾아내고, 분자생태학의 도구를 이용해 그 비밀을 파헤쳐 나가는 것이기 때문에 현장 연구가 필수적으로 선행되어야 하지요. 기본적으로 어떤 종의 연구를 위해서는 그 종의 생태 및 형태적 특징과 행동 등을 야외에서 파악한 후 분자 생태학적 연구를 위한 가설을 세우고 실험을 설계합니다. 그래서 야외에서의 연구가 기반이 되어야 하고, 결국 DNA 바코드, 유전체, 집단유전 분석 등은 현장 연구를 바탕으로 알게 된 가설을 검증하기 위한 연구 방법 중 하나입니다.

분류학적 접근은 생물 종의 차이를 형태적으로 구분하고, 형태적 분석이 어려운 종의 경우 분자적으로 DNA 분석을 통해 종을 판별합니다. 이렇게 구분된 생물의 생태적 유사성을 파악하여 그들이 공통의 조상으로부터 유래되었는지 확인하고 환경과 어떠한 상호작용을 통해 분리되었는지 파악합니다. 또한 특이적인 생태적 특징을 가지고 있는 종의 유전체 분석을 통해 진화적

고속냉장 원심분리기Centrifuge: 원심력을 이용하여 DNA를 추출·분리하는 장비로 소형보다 원심력이 강해 분리가 더 쉽고 냉장 상태로 시료를 분리할 때 사용한다.

분자실험용 가열기Heating device: 시료의 용해, 효소의 활성화 등 연구자가 설정한 온도를 그대로 유지하여 보관하는 기기이다.

중합효소 연쇄반응 기기PCR, polymerase chain reaction machine: DNA의 원하는 부분을 복제, 증폭시키는 장비이다.

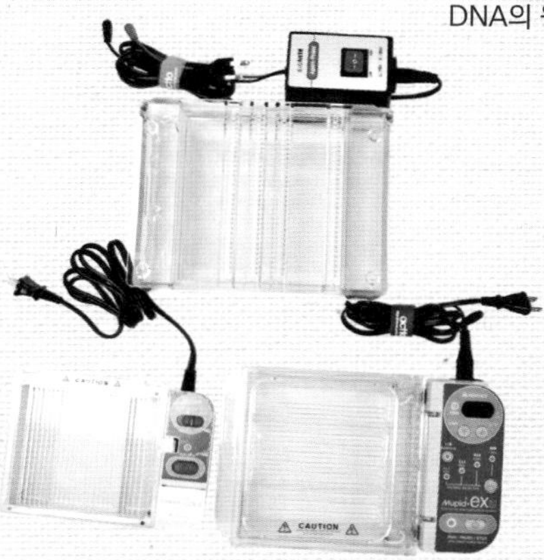

전기영동 장치Electrophoresis: 눈에 보이지 않는 DNA 실험 결과물을 가시화시키는 역할을 하는 기기이다.

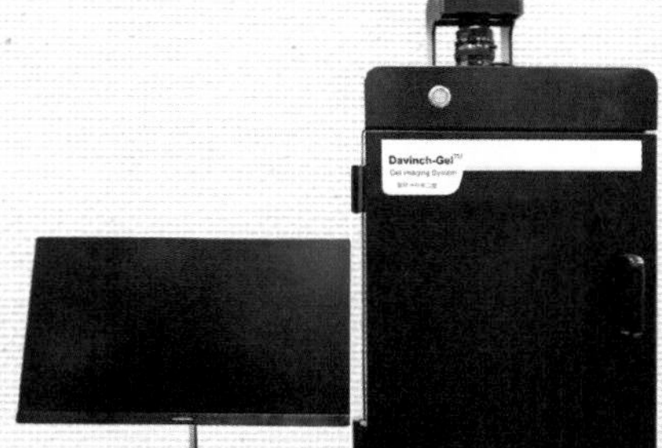

젤 이미징 시스템Gel documentation: 전기영동 결과를 특정 빛으로 투과시켜 실험 결과물의 사진을 찍는 기기이다.

야외 생물학자를 꿈꾸는 10대에게

2019년 서서울 호수공원에서 열린 시민 모니터링 교육 모습

예전에는 생물학이나 생태학이 비인기 분야였고, 졸업하면 교수나 생물 선생님 이외에는 마땅한 진로도 거의 없었습니다. 그러나 최근에는 대중의 관심이 높아져 전공에 대한 관심이 높아지고 점점 우리 생활과 밀접하게 바뀌어 가고 있는 것 같아요. 요즘 대세인 유튜브에서도 생물 관련 콘텐츠들이 쏟아져 나오고 있습니다.

대학원 실험실에서도 야생생물에 관심이 있고 멸종위기종을 연구하고 싶다는 후배가 늘어나고 있습니다. 야생생물에 관심이 생긴 이유를 물어보면 기후 위기나 서식지 파괴 등으로 생물 종이 사라지고 있는 게 안타깝고, 사회적으로도 이러한 연구 수요가 더 늘어날 것 같다고 합니다. 저도 공감하는 부분입니다.

흥미와 별개로 졸업 후의 진로가 걱정이라면 여러 연구 기관들을 선택지로 생각해 볼 수 있습니다. 우리나라에는 국립생태원을 비롯해 국립생물자원관, 국립낙동강생물자원관, 국립호남권생물자원관, 국립수목원 등 많은 생물 관련 기관이 있습니다. 환경 선진국에 비하면 아직도 적은 수준이지만 관련 연구 기관은 앞으로 점점 더 많아질 것으로 생각됩니다. 기후 위기 등 환경 변화와 관련한 이슈는 점점 증가할 것이고, 생태 연구 기관과 생태학자의 필요성은 그에 비례해 중요해질 테니까요.

생물에 관심이 있다면 우선 생물 관련 교육 프로그램에 참여해 보세요. 그리고 자신이 생물의 분류에 관심이 있는지, 생태에 관심이 있는지, 아니면 실험에 관심이 있는지를 살펴보고 자기 적성에 맞는 분야를 선택하세요. 장래 희망이나 직업이 아니라 그저 취미로 시작해도 좋습니다. 사실 취미가 직업이 되는 경우가 상당히 많습니다. 생물을 탐구하고 남들이 몰랐던 부분을 알아가는 쾌감을 알게 되면 자연스레 관련 대학과 관련 직업을 선택하게 될 것입니다.

항공기 조류 충돌 사고와 DNA 바코드

버드 스트라이크Bird strike라는 용어가 있습니다. 쉽게 말해 조류 충돌을 의미하는데, 항공기의 이착륙과 비행 중에 조류가 엔진이나 동체에 부딪히는 현상을 말합니다. 비행기뿐 아니라 열차, 자동차, 풍력 발전기, 송전탑, 빌딩 등에도 조류의 충돌은 빈번히 발생합니다. 이로 인해, 연간 약 800만 마리의 새가 목숨을 잃는다고 합니다.

이와 달리 로드킬Road kill은 포유류를 중심으로 많이 발생합니다. 고라니, 멧돼지, 너구리 등이 지나는 길 위에 도로가 생겨 동물들이 빠르게 지나는 차량을 인지하지 못하고 치여서 목숨을 잃게 되는 것이죠. 국립생태원 로드킬 정보 시스템에 따르면 6년간 약 10만 마리, 한 해 평균 1만 6,000여 마리가 목숨을 잃는다고 합니다. 큰 동물에 차량이 부딪치면 대형 교통사고가 발생해 인명 사고로도 이어집니다.

모두 동물과 사람에게 피해를 주지만, 특히 조류가 항공기에 충돌하면 그 피해의 정도는 엄청나게 크지요. 새가 이륙과 착륙 중인 항공기와 부딪칠 때는 상상 이상의 타격을 줍니다.

이를테면, 시속 370km로 상승 중인 항공기에 중량 900g의 청둥오리 한 마리가 충돌하면 항공기가 받는 충격은 4.8톤에 달한다고 합니다. 이런 충격이면 항공기 조종실의 유리가 깨지거나 기체가 찌그러질 수도 있겠지요. 그보다 더 큰 타격은 새가 엔진으로 들어갈 때입니다. 비행기 터빈 엔진의 공기 흡입구는 엄청난 양의 공기를 빨아들이는데 이곳으로 조류가 흡입된다면 엔진 입구의 팬 블레이드가 망가지거나 심하면 엔진을 태울 수도 있는 위력입니다.

지난 2006년부터 2019년까지 국내 민간 항공사가 조류 충돌로 피해를 본 사례는 약 1,526건에 달합니다. 미국도 2018년 한 해 1만 4,661건이 발생해 그로 인한 운항 차질과 후속 처리 비용을 합하면 그 손실 규모가 수백억 원이 넘으며, 세계적으로 약 7조 원에 이르는 것으로 추정합니다.

이러한 조류 충돌 문제를 해결하기 위해서는 어떤 종과 부딪친 것인지 정확히 알아내는 것이 무엇보다 중요합니다. 대부분 사고 즉시는 조사가 어려워 시간이 지난 후 손상된 사체를 통해 종을 식별해야 해서 어려움이 많지요. 이 문제를 해결하기 위해 사고 발생 후 깃털이나 혈흔 등의 시료를 확보하여 DNA를 추출하고 DNA 바코드를 활용하여 종 식별을 하고 있습니다. 2017년 국립생물자원관은 인천공항, 김포공항 등에서 수집한 조류 사체의 시료를 분석하여 항공기에 가장 많이 충돌하는 조류가 종다리, 멧비둘기, 제비, 황조롱이 등이라는 조사 결과를 발표한 바 있습니다. 형태적으로 식별할 수 없는 상태의 조류가 어떤 종인지 DNA 바코드로 밝혀내면 종별 생태 특성과 개체군 규모, 주변 서식지 및 휴식지 등을 파악하고 저감 방안을 마련할 수 있습니다. 예를 들어 충돌 예측 종의 이동 시기, 행동 범위 등을 미리 파악해 먹이 제거, 경고음, 비행 경로 변경, 충돌 조류의 무게 대비 비행기 유리창 강도 파악 등이 가능할 것입니다.

사실 이런 문제의 원인은 대부분 인간의 활동 범위가 넓어진 데 있습니다. 인간들이 전에 없이 야생동물의 서식지를 침범하면서 발생하기 때문에 앞으로도 계속 증가할 수밖에 없습니다. 야생동물이 살아갈 수 있는 대체 서식지를 만들고 인간의 간섭을 최소화하는 등 야생동물과 인간이 공존하는 방안을 마련하기 위해 지속적인 연구와 노력이 필요합니다. 아쉬운 점은 이러한 연구를 할 수 있는 분류·생태 연구자가 부족한 게 현실이고, 아직도 생물의 중요성에 대한 인식이 부족하다는 것입니다. 이러한 연구들이 계속 이어져 나갈 수 있도록 전문 인력 양성이 절실하며, 사람들에게 생물의 소중함을 적극적으로 홍보해야 할 것입니다. 이러한 노력을 통해 야생동물이 우리의 삶 속에 조화롭게 어울려 살아갈 수 있길 기대합니다.

국·공립 생물 분류·생태 전문 연구 기관

기관명	기관 소개
책임운영기관 환경부 국립생물자원관	■ 담당 부처: 환경부 소속 기관 ■ 소재지: 인천광역시 ■ 설립 연도: 2007년 ■ 미션: 생물다양성의 전략적 보전과 생물자원의 신가치 창출 ■ 비전: 지속 가능한 미래를 열어 가는 세계 최고 수준의 생물다양성 연구 기관 ■ 누리집: https://www.nibr.go.kr
국립낙동강생물자원관	■ 담당 부처: 환경부 산하 기관 ■ 소재지: 경상북도 상주시 ■ 설립 연도: 2015년 ■ 미션: 국가 담수생물 주권 확보, 다양성 보전 및 지속 가능한 이용으로 국가 발전에 기여 ■ 비전: 담수생물 자원의 가치를 함께 찾고 만들고 나누는 최고 연구 기관 ■ 누리집: https://www.nnibr.re.kr
국립호남권생물자원관	■ 담당 부처: 환경부 산하 기관 ■ 소재지: 전라남도 목포시 ■ 설립 연도: 2020년 ■ 미션: 도서·연안 생물 자원의 가치 창출로 생물 자원 보전과 국가 생물주권 확립에 기여 ■ 비전: 도서·연안 생물 자원의 가치를 찾아 국민과 함께 공유하는 HNIBR ■ 누리집: https://hnibr.re.kr
국립해양생물자원관 NATIONAL MARINE BIODIVERSITY INSTITUTE OF KOREA	■ 담당 부처: 해양수산부 산하 기관 ■ 소재지: 충남 서천군 ■ 설립 연도: 2015년 ■ 미션: 해양 생명 자원 가치 창출로 해양 경제 발전과 국민 행복 실현 ■ 비전: 해양 생물 주권 확보를 통한 해양바이오 글로벌 연구 기관 ■ 누리집: https://www.mabik.re.kr

기관명	기관 소개
국립생태원 NATIONAL INSTITUTE OF ECOLOGY	■ 담당 부처: 환경부 산하 기관 ■ 소재지: 충청남도 서천군 ■ 설립 연도: 2013년 ■ 미션: 자연생태계 보전과 생태 가치 확산으로 지속 가능한 미래 구현 ■ 비전: 자연과 인간의 공존을 위한 국가 자연생태플랫폼 ■ 누리집: https://www.nie.re.kr
국립공원공단 국립공원연구원	■ 담당 부처: 환경부 산하 기관(국립공원공단 소속) ■ 소재지: 강원도 원주시 ■ 설립 연도: 2005년 ■ 미션: 우리는 자연을 보전하여 건강하고 행복한 미래를 열어 간다 ■ 비전: 자연·사람·미래를 연결하는 보호 지역 관리의 글로벌 리더 ■ 누리집: https://www.knps.or.kr/research
책임운영기관 국립산림과학원	■ 담당 부처: 산림청 소속 기관 ■ 소재지: 서울특별시 ■ 설립 연도: 1922년(당시 임업시험장) ■ 미션: 산림 가치 선순환과 국민 행복에 기여하는 산림 과학 연구 ■ 비전: 과학기술 혁신으로 미래 산림 가치를 창출하는 국민의 연구 기관 ■ 누리집: https://nifos.forest.go.kr
책임운영기관 국립수목원	■ 담당 부처: 산림청 소속 기관 ■ 소재지: 경기도 포천시 ■ 설립 연도: 1999년 ■ 미션: 산림생물종 보전과 자원화를 통한 국민 삶의 질 향상·국가 경제 발전 기여 ■ 비전: 국민 행복과 미래 가치를 추구하는 국가 대표 수목원 ■ 누리집: https://kna.forest.go.kr

출처: 기관별 누리집